Tut der Dax sich weh,
wenn er fällt?

Marion Uhrig-Lammersen
Hans-Jürgen Arlt

Tut der Dax sich weh, wenn er fällt?

Wie Wirtschaft und Politik mit Kinderbriefen umgehen

1. Auflage 2012

Beuth Verlag GmbH · Berlin · Wien · Zürich

Berlin · Wien · Zürich
Am DIN-Platz
Burggrafenstraße 6
10787 Berlin

Telefon: +49 30 2601-0
Telefax: +49 30 2601-1260
Internet: www.beuth.de
E-Mail: info@beuth.de

Umschlaggestaltung: Bettina Kubanek
Satz: L101 Mediengestaltung, Berlin
Litho: Licht & Tiefe, Berlin
Druck: schöne drucksachen GmbH, Berlin
Gedruckt auf säurefreiem, alterungsbeständigem Papier nach DIN EN ISO 9706

ISBN 978-3-410-23246-9

Vorwort

Ulrich Meyer

© privat

Liebe Lili, lieber Benny,
lieber Leser, liebe Leserin,

als ich Journalist wurde, war der Chefredakteur der „New York Sun" mein großer Held. Er hatte in seinen sicherlich vielen Leserzuschriften die Anfrage der kleinen Virginia gefunden, die unbedingt wissen wollte, ob es denn nun den Weihnachtsmann wirklich gibt oder nicht oder wie.

Was dann geschah, ist Legende: Der Chefredakteur nahm sich die Zeit, überlegte und verfasste den vielleicht treffendsten Brief, den je ein Mensch zu diesem Thema geschrieben hat. Seine Antwort war so liebevoll und so sehr für das kindliche Verständnis geschrieben, dass seine Zeilen heute noch als vorbildlich gelten und selbst Erwachsene rühren.

Die Zeiten haben sich verändert, wir kommunizieren schriftlich wie nie zuvor, empfangen/senden in nahezu atemlos hastiger Frequenz.

Uns interessiert oft gar nicht, ob der Empfänger unsere Zeilen wirklich liest, ob er sie versteht, ob sie den Kern seiner Anfrage getroffen haben – oder ob er darin nur einen geschäftsmäßigen Reflex sieht: distanziert, kühl, unauffällig – so richtig etwas für den Papierkorb und zum Vergessen.

Der alltägliche Abwehrkampf, ausgeführt mit Wörtern und ganzen Akten, der soll uns hier nicht aufhalten. Mein Idealbild ist sowieso der Schreiber, der sich für seine Antwort einfühlsam und klug zu spüren bemüht, worum es dem Anfragenden eigentlich geht.

Aber wer gibt sich schon noch Mühe, die Antwort so zu verfassen, dass der andere sie auch wirklich verstehen kann, sie interessiert lesen mag – und, durch pfiffige Formulierungen verführt, die Kerninhalte sogar weitertragen will?

Wenn da Texte zuvorderst der Befriedigung des Autors dienen, haben sie schlechte Aussichten, bei anderen anzukommen.

Das gilt für fast alle Texte. Umso mehr gilt es für Texte, die Menschen erreichen sollen, die man nicht genau kennt: Leser, Hörer, Zuschauer – jene also, die Massenmedien nutzen.

Und deshalb ist dies mitnichten ein Kinderbuch – auch wenn Lili und Benny und die anderen hier eine wichtige Rolle spielen. Es geht darum, wie sich die Großen, die Starken, die Mächtigen um jene bemühen, die Fragen haben, die es nochmal genau erklärt wissen wollen, die Bedenken haben oder noch nicht ganz mitgekommen sind. Auf die alle und auf ihre Kräfte und auch ihre Gedanken einfach zu verzichten, das dürfen wir uns nicht leisten in einem Land, das so sehr auf die Köpfe seiner Bewohner und ihre Schaffenskraft angewiesen ist.

Und da wir schon über Geschriebenes reden: Texte bestehen eben nicht nur aus Gedanken und Sinn, aus Buchstaben und Zahlen, sondern auch aus Zeichensetzung – verwendet eigentlich zur Verdeutlichung der Zusammenhänge, genaugenommen also als Hilfe für den Leser.

Und so fällt in den schriftlichen Antworten auf, wie sehr Rechtschreibung und vor allem Interpunktion in Deutschland auf längst verlorenem Posten stehen – egal wie groß und angesehen der Mensch oder das Unternehmen ist, der da oder das da antwortet.

Liebe Lili, lieber Benny,

wenn Ihr also irgendwann demnächst mal ein Deutschdiktat verhaut, weil Euch die Kommas nicht so richtig von der Hand gehen, dann zeigt Euren Lehrern die Erwachsenenbriefe in diesem Buch – und weist sie darauf hin, dass nicht mal die Großen das so richtig drauf haben. Vielleicht sind dann Eure Lehrer gnädig mit Euch – und bemühen sich ganz besonders, Euch beizubringen, wie es richtig geht.

Denn auch das gehört zu einem schönen Text und erst recht zu einer Antwort im wahrsten Sinn des Wortes – weil sie nämlich den Empfänger nicht umhauen, sondern in der Seele treffen soll: Es möcht' schon alles richtig hingeschrieben sein. Denn manche Menschen schmerzt es, wenn gerade kluge Gedanken falsch geschrieben sind.

Vorbemerkung der Autoren

Marion Uhrig-Lammersen
Hans-Jürgen Arlt

101 Briefe und darauf 64 Antworten summieren sich zu diesem Buch. Die Antworten von A wie ADAC bis Z wie Zoo Berlin sind authentisch; auch die Feststellung, dass 37 Briefe nicht beantwortet wurden, ist eine bedauerliche Tatsache. Die 101 handschriftlichen Kinderbriefe, die bei den Unternehmen, Parteien, Ministerien, Verbänden und Vereinen ankamen, sind erfunden. Aber ihre Absender, Ben, Lili und ihre Freundinnen und Freunde, waren ständige Beraterinnen und Berater in dem fast zweijährigen Entstehungsprozess dieses Buches. Im Laufe der Zeit haben sie sich über eintreffende Antworten fast so gefreut, als ob sie die Briefe selbst geschrieben hätten. Nicht der Geschenke wegen, die nicht selten dazu gepackt waren, denn das war von Anfang an klar: Diese Geschenke wurden weitergereicht an Berliner helfen e.V.

Gelegentlich sind wir Ben und Lilli (und ihren Eltern) bestimmt auch auf die Nerven gegangen. Sie haben es sich nicht anmerken lassen. Für ihre Geduld mit uns möchten wir Ben, Lili und den anderen Kindern herzlich danken: Ihr habt uns toll geholfen.

Die Adressaten der Briefe haben auf den ersten Blick Anlass, sich getäuscht zu fühlen. Aber schon im nächsten Moment könnten sie die Briefaktion als eine Serviceleistung verstehen, die sie einlädt, in den Spiegel zu schauen und zu sehen, wie gut oder schlecht sie kommunizieren, und sich zu fragen, wie repräsentativ der konkrete Einzelfall für ihren Umgang mit Anfragen von außen sein könnte. Kommunizieren heißt sich verständigen. Das kann man auf sehr verschiedene Weise – von oben herab und mit hingeworfenen Brocken oder mit Freundlichkeit und Entgegenkommen. Auf der einen Seite mit teurer Werbung um die Gunst des Publikums zu buhlen und auf der anderen Seite direkte Kommunikationsangebote von Kindern gar nicht oder nur lieblos zu behandeln, wirkt – vorsichtig formuliert – nicht besonders klug.

Berlin, im September 2012

Inhalt

I. Lieber Herr Chef, liebe Lili ...

Kundenorientierung heißt das Zauberwort. Sie schwören alle, dass ihnen ihre Fluggäste, ihre Mitglieder, ihre Patienten, ihre Zuschauer, ihre Wähler das Wichtigste sind. Wichtiger sind nur noch die Kunden von morgen, weil sie der Organisation – dem Unternehmen, der Partei, dem Verein, dem Verband – über den Tag hinaus Zukunft garantieren.

Die Kunden von morgen sind die Kinder von heute. Was geschieht, wenn Jungs und Mädchen mit Organisationen Kontakt aufnehmen? „Wir haben verstanden" gehört heute zu den Lieblingsbotschaften jeder Organisation an ihre Kunden und Wähler. Haben die Organisationen in Deutschland verstanden, dass Kinder ernst zu nehmende Menschen sind? Oder ist ein Kind in den Büros der Arbeitswelt „bloß ein Kind"? Wie reagieren Organisationen, wenn sie Post von Kindern bekommen? Wie gehen die CDU, die Taxizentrale, der Deutsche Gewerkschaftsbund und die Deutsche Bank, ein Autokonzern oder ein Bundesminister mit Fragen und Wünschen, ernsten und lustigen Ideen von Kindern um? Wir wollten es wissen und haben jetzt einen Sack voller Erfahrungen, den wir hier aufschnüren.

Dass sich Alte jung fühlen und Kinder altklug sind, versteht sich von selbst. Solche Sprüche sagen wenig aus über diese große Veränderung: Altersgrenzen haben keine Schlagbäume mehr, es herrscht reger Grenzverkehr. Biologisch bleibt es ein gewaltiger Unterschied, ob jemand seinen achten, 38. oder 88. Geburtstag feiert. Sozial jedoch funktioniert die einfache Dreiteilung Kinder, Erwachsene, Alte schon länger nicht mehr; was man in einem bestimmten Lebensabschnitt kann, darf, soll und muss, hat an Klarheit eingebüßt und seine Strenge verloren. Kinder überbieten Erwachsene mit herausragenden Leistungen. Alte geben sich spontaner als Kinder. Erwachsene wissen, dass das Leben keine Schulbank ist, das Lernen aber trotzdem nicht aufhört.

Was Organisationen verstehen oder ignorieren, wofür sie sich entscheiden und wie sie sich verhalten, ist folgenschwer. Ob in der Politik, der Wirtschaft oder der Wissenschaft, ob im Bildungs- oder im Gesundheitssystem, überall sind es Organisationen, die mit ihren Entscheidungen Weichen stellen: Welche Gesetze erlassen, welche Nahrungsmittel hergestellt, welche Probleme erforscht, welche Bildungswege gegangen und welche Heilmethoden angewendet werden ...

Man sieht, es gibt viele gute Gründe, sich mit der Frage zu beschäftigen, wie die SPD, das Wirtschaftsministerium, die Berliner Verkehrsbetriebe oder das Zweite Deutsche Fernsehen darauf reagieren, wenn sie Post von Kindern erhalten. Denn an diesen Reaktionen zeigt sich, ob und wie sie kommunizieren. Dass Kommunikation der Schlüssel zur Welt ist, hat sich herumgesprochen. Wie sich ein Unternehmen einerseits als Adressat und andererseits als Absender verhält, verrät vieles, eigentlich alles. Welchen Informationen eine Organisation Aufmerksamkeit schenkt, wem intern zugehört wird, wer sich von außen mit Aussicht auf Erfolg bei ihr zu Wort melden kann, daran ist erkennbar, was und wer einer Organisation wichtig ist. Wie sie antwortet, welche Informationen sie selbst gibt und welche sie lieber verschweigt oder gar nicht bedenkt, sagt eine Menge über eine Organisation aus, trägt zu ihrem guten oder schlechten Ruf bei, im Inneren wie nach außen.

Lieber eine schlechte Antwort als gar keine

Welche Kriterien spielen eine Rolle, um zu beurteilen und zu bewerten, wie der Empfänger mit einem Kinderbrief umgeht?

Die erste große Frage ist ganz einfach: Bekommt das Kind eine Antwort oder nicht?

Stellen wir uns vor: An der Kasse des Kaufhauses fasst sich Ben, gerade zehn geworden, ein Herz und fragt die Kassiererin, ob es wirklich wahr sei – er kann und will es nämlich nicht fassen –, dass kein neues Harry-Potter-Buch mehr gedruckt wird. Die junge Frau zieht die Waren des nächsten Kunden über den Scanner, kassiert das Geld ein, ignoriert Ben und wendet sich der folgenden Kundin zu. Unmöglich, dieses Verhalten, würden alle denken, die es beobachten, und nicht wenige würden einschreiten – wenn es sich so ereignet hätte.

Kommunikation zu verweigern, gehört im persönlichen Umgang zu den besonders kränkenden Verhaltensweisen. Offensichtliches Nicht-Antworten sendet im Normalfall die Botschaft, du interessierst mich nicht, oder sogar, ich bin beleidigt. Eine von beiden Personen ist am Ende in jedem Fall beleidigt, entweder diejenige, die keine Antwort gibt, oder die andere, die keine Antwort bekommt. Was im direkten persönlichen Kontakt als Affront erlebt wird, ist in der Beziehung zwischen Organisationen und Menschen an der Tagesordnung, sobald es um telefonische oder schriftliche Anfragen geht. Keine Antwort zu erhalten, diese Erfahrung gilt im Umgang mit Organisationen nicht als ungewöhnlich. Die meisten Erwachsenen zeigen sich abgehärtet. Ihre Erwartungen, den Anstand von Organisationen betreffend, sind nicht so leicht zu enttäuschen, denn sie kalkulieren schlechtes Benehmen schon ein. Kinder sehen das anders. Sie nehmen Organisationen personalisiert wahr und werten eine verweigerte Antwort in jedem Fall als Missachtung.

Zufall oder Kultur?

Keine Antwort – da mag viel Zufall im Spiel sein. Ein Brief kann auf dem Postweg verloren gehen. Aber die allermeisten kommen eben an. Was hinter keiner Antwort steckt, ist am Einzelfall nicht zuverlässig ablesbar. Zufall jedenfalls wäre keine Entschuldigung, weil Organisationen entscheiden müssen, was sie dem Zufall überlassen. Es sagt etwas aus über ein Museum, ein Krankenhaus oder eine Konzernzentrale, ob der Zufall entscheiden darf, welche Briefe beantwortet werden und welche nicht.

Wenn der Kunde König ist, dann sind Kinderbriefe Schreiben von Prinzen und Prinzessinnen – und keine Antworten sind dann Majestätsbeleidigungen. Kinderbriefe sind keine unauffälligen 08/15-Schreiben. Wenn solche Briefe unbeachtet bleiben, wenn diese Briefe nicht auffallen, welche dann. Solche Briefe in der Ablage Papierkorb landen zu lassen, dazu gehört schon etwas. Eine E-Mail geflissentlich zu übersehen, versehentlich wegzuklicken oder im Zeitablauf so weit nach unten rutschen zu lassen, dass man sie schlicht vergisst, gehört zum Büroalltag. Ein handgeschriebener Kinderbrief hat eine andere Präsenz; an ihm kommt niemand einfach vorbei. Man kann argumentieren, es komme ganz auf die einzelne Mitarbeiterin oder den einzelnen Mitarbeiter an, wie die Reaktion ausfällt oder ob die Reaktion eben ganz ausfällt. Dass es Engagierte, aber auch Freunde des geringstmöglichen Aufwandes gibt, wer wollte es bestreiten. Welche Person auf welcher Stelle sitzt, davon hängt einiges ab. Aber nicht alles; vielleicht sogar weniger, als man üblicherweise anzunehmen bereit ist. Das Umfeld, im weitesten Sinn die Organisationskultur übt großen Einfluss aus auf das Verhalten der Einzelnen. Es gibt Teufelskreise, aber auch Engelskreise. Wo ziemlich Viele sich unaufmerksam und gleichgültig zeigen und damit durchkommen, werden die Wenigen ihren Einsatz und ihre Sorgfalt irgendwann überdenken. Nichts verallgemeinert sich in einem Unternehmen oder einem Verband schneller als Billig-Lösungen, kein Recht setzt sich reibungsloser durch als das Gewohnheitsrecht.

Lieber eine schlechte Antwort als gar keine. Dass ein Konzern, der in seinem Tagesgeschäft normalerweise mit Erwachsenen zu tun hat, einen Brief von Ben bekommt, sagen wir 12 Jahre alt, passiert nicht so oft. Der Konzern kann sich denken, dass es einen Riesenschritt, ein ziemlich großes Ereignis für Ben bedeutet, einen solchen Brief zu schreiben und abzuschicken. Ben rennt jeden Tag nach der Schule zum Briefkasten und schaut, ob eine Antwort eingetroffen ist.

Zwischen der Empörung über keine Antwort, dem Frust über einen Serienbrief acht Wochen später und der Begeisterung über ein kleines Päckchen mit richtig freundlichen Zeilen kann in der Erlebniswelt des Kindes eine ganze Menge passieren: Ben bekommt seinen ersten Eindruck von einem Unternehmen und für den ersten Eindruck gibt es bekanntlich keine zweite Chance.

Perspektivwechsel: Kundenkontakt kostet

Aus der Perspektive der Mitarbeiterinnen und Mitarbeiter, die regelmäßig externe Kontakte haben, stellt sich das noch einmal ganz anders dar. Wer in einer Zeitungsredaktion schon einmal für die Leserbriefe zuständig war, hat Erfahrung mit notorischen Schreibern. Endlos-Telefonierer, Dauer-Nörgler, Leute, die in ihre Anliegen so verbissen sind, dass sie keine abweichende Information und kein Gegenargument zur Kenntnis nehmen, Grobiane, Rechthaber, Zeitdiebe, absolut Ahnungslose – Kundenkontakte können, zumal im Zeitalter des E-Mail-Verkehrs, anstrengend sein. Sie kosten Zeit, Kraft, Nerven. Gerade darin jedoch zeigt sich der Unterschied, ob Organisationen in Anfragen von außen Chancen sehen und deshalb mit Entgegenkommen reagieren; oder ob drohende Belästigungen vermutet und Anfragen deshalb nur mit Fingerspitzen oder gar nicht angefasst werden.

Die andere große Frage ist sehr differenziert. Wie die Antwort ausfällt und wie sie ankommt, kann unter sehr unterschiedlichen Gesichtspunkten betrachtet und bewertet werden. Gefühl und Geschmack lassen sich nicht objektivieren, auch das Verstehen und Deuten eines Briefes bleiben ein gutes Stück weit eine subjektive Angelegenheit. Aber nicht nur. Es gibt Kriterien der Verständlichkeit ebenso der Angemessenheit mit Blick auf die Adressaten und auf das Thema, die eine Beurteilung als besser oder schlechter nicht nur erlauben, sondern nahelegen. Unsere Beurteilungen beanspruchen nicht, das letzte Wort zu sein. Eine gut begründete Einschätzung jedoch, über die im Einzelfall gerne gestritten werden kann, wollen unsere Einordnungen und Bewertungen natürlich darstellen. Solche Kriterien, die an die Qualität einer schriftlichen Antwort angelegt werden können, sind beispielsweise: Kommt die Antwort zügig oder verspätet? Beantwortet sie das Problem, das der Brief aufwirft? Klingt sie freundlich oder geschäftsmäßig? Ist sie für Kinder verständlich? Gewinnt sie die Sympathie des Kindes oder enttäuscht sie positive Erwartungen? Handelt es sich im Wesentlichen um eine Selbstdarstellung der Absender oder geht es (auch) um das Interesse des Adressaten? Kann das Kind sich beachtet und wertgeschätzt oder muss es sich abgefertigt fühlen?

Drei Kriterien stellen wir in den Mittelpunkt: Verständlich – freundlich – hilfreich

Verständlich versteht sich von selbst. „Jeder Versuch, sich mitzuteilen, kann nur mit dem Wohlwollen der anderen gelingen“, sagt Max Frisch. Aber man darf das Wohlwollen der Adressaten nicht überstrapazieren. Die Anstrengung der Absender, sich verständlich zu machen, muss erkennbar und als Vorbedingung erfüllt sein. Auf die Frage (nicht nur) eines Kindes freundlich zu reagieren, stellt keine besondere Leistung dar. Das Kriterium „hilfreich“ beurteilt, ob der Kinderbrief ernst genommen wurde. Dass es nicht für jedes Problem eine Lösung gibt, wird dabei berücksichtigt. An den Antwortbriefen lässt sich leicht ablesen, wie unterschiedlich man mit unlösbaren Anliegen umgehen kann.

Für den Umgangsstil einer Organisation ist und bleibt die Führung verantwortlich: Auch dieser Fisch stinkt zuerst am Kopf. Die Spitze kann und muss sagen, welcher Stil gepflegt werden soll. Vor allem aber muss sie das gewünschte Verhalten selbst praktizieren. Das ist das kleinste Einmaleins. Nichts und niemand wird in einer Organisation aufmerksamer beobachtet als die so genannte Führungskraft. Das liegt auf der Hand, denn die Führung ist zuständig für die Entscheidungen und die Entscheidungen sind folgenreich, oft sogar folgenschwer für die Mitarbeiterinnen und Mitarbeiter. Führungskräfte, die sich fälschlicherweise einbilden, sie könnten die Beobachtung ein- und ausschalten wie einen Lichtschalter, schweben in ständiger Gefahr, als Heuchler wahrgenommen zu werden, wenn sie nicht tun, was sie sagen, und nicht sagen, was sie tun.

Beenden wir die Spekulationen. Fragen wir nicht länger, was alles sein könnte. Schauen wir uns an, wie es ist. Natürlich handelt es sich nur um eine Summe von Einzelfällen ohne jeden Anspruch auf Repräsentativität. Die Konzentration auf die Bundeshauptstadt lag nahe. In dem Mix aus Wirtschaft und Politik plus einiger interessanter Adressen darüber hinaus spiegelt sich eine realistische Vielfalt. Für die Organisationen, die einen Brief erhielten, hat es sich wie ein Fall aus dem richtigen Leben dargestellt. Zu jedem dieser Fälle gehören im richtigen Leben zwei: das Kind, das den Brief geschrieben hat, und der Empfänger, der diesen Brief bekommen hat. Wie sind sie mit den Kinderbriefen umgegangen? Zum Einstieg präsentieren wir den Brief, der die Frage stellt, die dem Buch seinen Titel gibt.

II. Die Antwort auf die Titel-Frage

Den Brief mit der Titel-Frage gibt es in dreifacher Ausfertigung, darunter auch als Schreiben Lilis an den Vorstandsvorsitzenden der Deutschen Bank, Josef Ackermann:

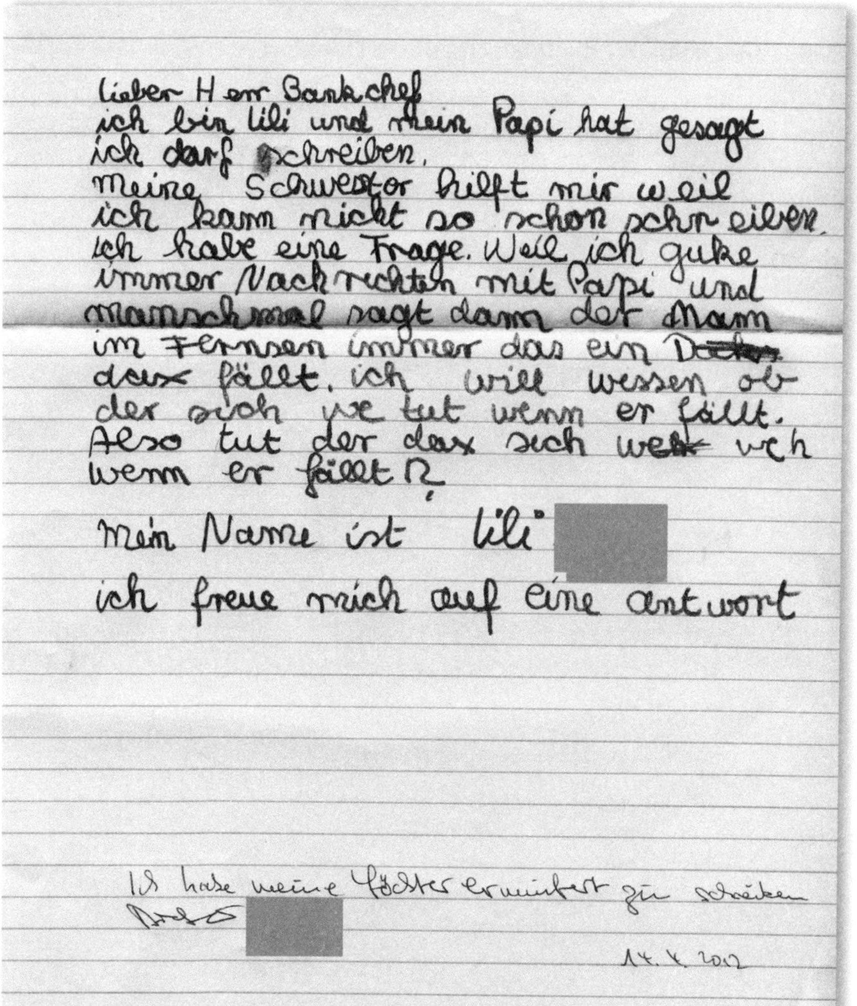

lieber Herr Bankchef
ich bin lili und mein Papi hat gesagt
ich darf schreiben.
Meine Schwester hilft mir weil
ich kann nicht so schon schreiben.
ich habe eine Frage. Weil ich guke
immer Nachrichten mit Papi und
manchmal sagt dann der Mann
im Fernsen immer das ein ~~Dax~~
dax fällt. ich will wessen ob
der sich we tut wenn er fällt.
Also tut der dax sich weh
wenn er fällt?

Mein Name ist lili [redacted]
ich freue mich auf eine antwort

Ich habe meine Tochter ermuntert zu schreiben
[redacted]
14.4.2012

Lilis Anfrage hat die Deutsche Bank Mitte April 2012 erreicht, als das Ende der Amtszeit des Vorstandsvorsitzenden Josef Ackermann nur noch einige Wochen entfernt war. Das mag als mildernder Umstand dafür gelten, dass der Brief unbeantwortet blieb, einen tatsächlichen Hinderungsgrund bedeutet der bevorstehende Amtswechsel allerdings nicht. Halten wir fest: Die Deutsche Bank glaubt, es in diesem Fall nicht nötig zu haben zu antworten.

In dieser Hinsicht gleichen sich die Deutsche Bank und das „Börsenfernsehen" des Hessischen Rundfunks. Auch Ben bekam keine Antwort.

Sympathiepunkte für die Deutsche Börse Frankfurt

Die Deutsche Börse Frankfurt hat bei Ben Sympathiepunkte gesammelt. Auch wenn der Brief nicht unterschrieben war, so bemüht er sich um eine kindgerechte Tonlage. Die Bullen-Plastik, die als schweres Päckchen ankam, hat natürlich Interesse und Begeisterung ausgelöst.

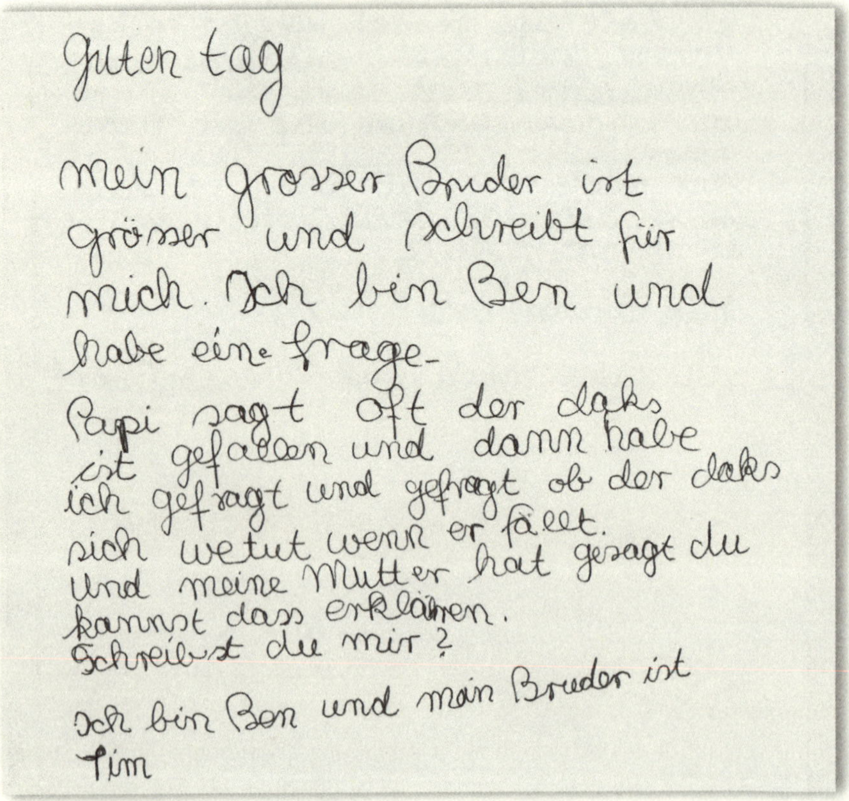

Guten tag

mein grosser Bruder ist
grösser und schreibt für
mich. Ich bin Ben und
habe eine frage.
Papi sagt oft der daks
ist gefallen und dann habe
ich gefragt und gefragt ob der daks
sich wetut wenn er fäelt.
Und meine Mutter hat gesagt du
kannst dass erklären.
Schreibst du mir?

Ich bin Ben und main Bruder ist
Tim

DEUTSCHE BÖRSE

Herrn
[redacted]
[redacted] Berlin

Deutsche Börse AG

Mergenthalerallee 61
65760 Eschborn

Postanschrift
60485 Frankfurt am Main

Telefon
+49-(0) 69-2 11-[redacted]

Fax
+49-(0) 69-2 11-[redacted]

Internet
www.deutsche-boerse.com

E-Mail

18. Juni 2012

Lieber Ben,

schön, dass du dir Sorgen um den Dax machst. Wir tun das auch, wenn der Dax fällt. Allerdings ist dieser Dax kein Tierchen, sondern ein Symbol für den Zustand unserer Wirtschaft in Deutschland. Ein anderes Symbol ist der Bulle. Der steht für Kraft und Aufstieg der Wirtschaft. Und weil uns das gut gefällt, senden wir Dir einen kleinen Bullen zu. Hoffentlich gefällt er Dir.

Viele Grüße,

Deutsche Börse AG

Vorsitzender des Aufsichtsrats
Dr. Joachim Faber

Vorstand
Dr. Reto Francioni (Vorsitzender)
Andreas Preuß (stv. Vorsitzender)
Frank Gerstenschläger
Dr. Michael Kuhn
Gregor Pottmeyer
Jeffrey Tessler

Aktiengesellschaft mit Sitz in Frankfurt am Main
HRB Nr. 32232
Amtsgericht Frankfurt am Main

Kommentar

Inhaltlich stiftet das Schreiben mehr Verwirrung als Klärung. Der Dax, lernen wir, ist kein Tier, sondern ein Symbol – was immer ein Symbol sein mag. Der

Bulle ist offenkundig ein Tier, aber auch ein Symbol. Ein wenig erläutern zu können, inwiefern der Dax „den Zustand unserer Wirtschaft in Deutschland“ ausdrückt, hätte man von der Börse erwarten dürfen. Dass sich im Auf und Ab der Kurve Hoffnungen und Befürchtungen der Menschen ausdrücken, die diesen großen Unternehmen Geld zur Verfügung gestellt haben, wäre ein weiterer nützlicher Hinweis gewesen. Der Aufwand dafür hält sich im Zeitalter von Wikipedia in Grenzen. Mit mehr Zeit und noch etwas mehr gutem Willen des Absenders hätte Ben tatsächlich Interessantes über die Börse erfahren können.

III. Mustergültig die einen, miserabel die anderen

Drei Mal ein dickes Plus für die besten und drei Mal ein großes Minus für die herausragend schlechten Antworten werden in diesem Kapitel verteilt. Superlative erfreuen sich großer Beliebtheit, weil sie Aufmerksamkeit wecken. Doch das ist nicht der Grund, warum wir unter den 64 Antworten, die Ben und Lili erhalten haben, Highlights und Flops besonders herausheben. Indem wir die unseres Erachtens drei besten Antwortschreiben und drei besonders schlechte vorstellen, geben wir eine Grundorientierung für den Bewertungsmaßstab. Im Kern geht es stets um das gleiche Problem: Welche Rolle spielen in der Antwort das Kind und sein Anliegen? Wird die Antwort nur als eine Gelegenheit für die Selbstdarstellung des Absenders gesehen, wird nur selbstgefällige 08/15-Eigenwerbung betrieben? Oder noch nicht einmal das, sondern nur die schnelle Abfertigung mit dem Aktenvermerk „erledigt“? Oder tritt das Bemühen hervor, tatsächlich mit dem Kind zu kommunizieren, es in seiner Welt mit Offenheit und Einfühlungsvermögen anzusprechen.

1. Die drei besten Antworten

Oft beteuern Organisationen, dass der Mensch bei ihnen im Mittelpunkt steht. In Organisationen geht es notwendigerweise zuerst um Stellen, die gestrichen oder neu eingerichtet, halbiert, hin- und hergeschoben und mit neuen Aufgaben bedacht werden. Dabei spielen immer auch Personen eine Rolle, aber eben nur die zweite oder dritte. Trotzdem legen viele Organisationen in ihrer Selbstdarstellung großen Wert darauf, dass es bei ihnen „um den Menschen“ geht.

Und wenn der Mensch ein Kind ist, das eine schwierige Frage stellt? Dann gibt es tatsächlich Organisationen, jedenfalls Personen in Organisationen, die sich für dieses Kind und seine Frage Zeit nehmen. Die sich überlegen, wie sie im Sinne des Kindes antworten könnten. Die sich damit beschäftigen, was sie Ben oder Lili Gutes tun könnten, schließlich haben die sich die Mühe gemacht einen Brief zu schreiben, zu adressieren und abzuschicken. Und zwar nicht an Irgendwen, sondern an eine Adresse, von der sie sich etwas erhoffen; in die sie Vertrauen setzen, zumindest das Vertrauen auf eine Antwort, am liebsten eine schöne.

Sensationell gut

Das Hotel Hilton

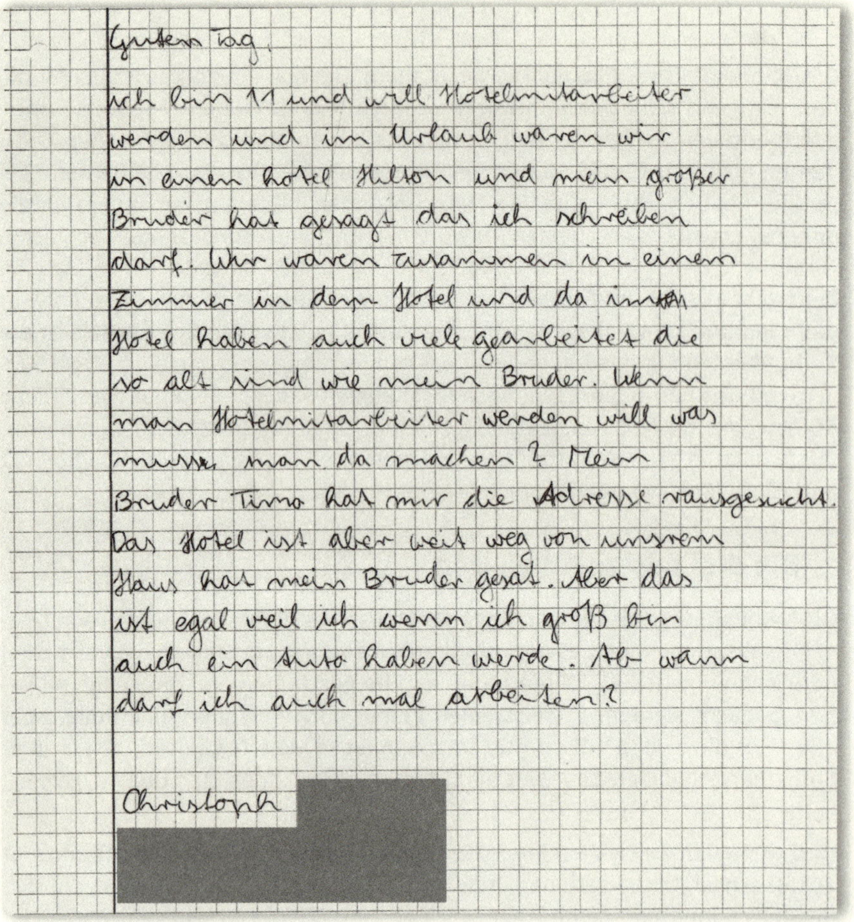
Guten Tag,

ich bin 11 und will Hotelmitarbeiter
werden und im Urlaub waren wir
in einen hotel Hilton und mein großer
Bruder hat gesagt das ich schreiben
darf. Wir waren zusammen in einem
Zimmer in dem Hotel und da im
Hotel haben auch viele gearbeitet die
so alt sind wie mein Bruder. Wenn
man Hotelmitarbeiter werden will was
muss man da machen? Mein
Bruder Timo hat mir die Adresse rausgesucht.
Das Hotel ist aber weit weg von unsrem
Haus hat mein Bruder gesagt. Aber das
ist egal weil ich wenn ich groß bin
auch ein Auto haben werde. Ab wann
darf ich auch mal arbeiten?

Christoph [redacted]

„Guten Tag, ich bin 11 und will Hotelmitarbeiter werden und im Urlaub waren wir in einem hotel Hilton und mein großer Bruder hat gesagt das ich schreiben darf. Wir waren zusammen in einem Zimmer in dem Hotel und da im Hotel haben auch viele gearbeitet die so alt sind wie mein Bruder. Wenn man Hotelmitarbeiter werden will was muss man da machen? Mein Bruder Timo hat mir die Adresse rausgesucht. Das Hotel ist aber weit weg von unserem Haus hat mein Bruder gesat. Aber das ist egal weil ich wenn ich groß bin auch ein Auto haben werde. Ab wann darf ich auch mal arbeiten?“

Hilton
Berlin

Christoph [redacted]

25.11.10

Lieber Christoph,

vielen lieben Dank für Deinen Brief, welchen ich am Donnerstag erhalten habe.
Ich habe mich sehr gefreut, dass Du so ein grosses Interesse hast einmal in einem Hilton Hotel arbeiten zu wollen.

Meine Name ist Stephan und ich arbeite seit 15 Jahren im Hilton Hotel Berlin und sorge dafür, dass das Hotel immer genug Geld hat, welches unsere Gäste für Übernachtungen, Essen und Trinken oder auch zum Beispiel für den Besuch unseres Schwimmbad's ausgeben. Meinen Bereich in dem ich arbeite nennt man Buchhaltung.

Du solltest schon heute anfagen zu überlegen, wo Du am liebsten im Hotel einmal arbeiten würdest. Hier gibt es ganz viele Möglichkeiten.
Du kannst zum Beispiel den ganzen Tag Essen kochen, dann trägst Du eine weisse Kochjacke mit einer Kochmütze, oder Du arbeitest in einem Restaurant und fragst die Gäste am Tisch, was sie gerne essen und trinken möchten und bringst es ihnen anschliessend und sagst „Guten Appetit". Es gibt aber auch noch viele andere Möglichkeiten in so einem grossen Hotel. Du kannst auch im Schwimmbad arbeiten und den Gästen Handtücher geben und das Schwimmbad sauber halten. Wir müssen auch jeden Tag die Zimmer aufräumen, wenn die Gäste wieder nach Hause fahren oder ausgeschlafen haben und dann auch noch die ganzen Handtücher oder Bettlaken waschen und die Tischdecken nach dem Essen natürlich auch.

Ein Mann ist den ganzen Tag damit beschäftigt für das Hotel einzukaufen, die ganze Woche lang. Ich gehe nur einmal in der Woche einkaufen.

Alles das muss natürlich ersteinmal erlernt werden. Ich war 16 Jahre alt als ich angefangen habe im Hotel alle Abläufe zu erlernen, direkt nach meiner 10. Klasse ging es los. Also hast Du nur noch 5 Jahre zu warten.

-- Seite 2 --

Hilton Berlin
Mohrenstraße 30, 10117 Berlin, Deutschland
[redacted]
E-Mail: [redacted]
Hilton Reservierung & Kundenservice: [redacted]

hilton.de

Domhotel GmbH
Amtsgericht Charlottenburg: HRB 34281
USt.-ID DE 137182025, Steuer-Nr. 21 210 273
Commerzbank Berlin (BLZ 100 400 00), Konto 191 115 500
BIC: COBADEBBXXX, IBAN: DE82 1004 0000 0191 1155 00
Geschäftsführer: Ronald A. van Weezel, Fred Löwe

Hilton
Berlin

Damit Du aber nicht so lange warten musst schlage ich Dir folgendes vor. Gerne möchte ich Dich mit einer Begleitperson, Bruder, Mama oder Papa zu uns in das Hilton Hotel am Gendarmenmarkt einladen. Am 04. Dezember 2010 findet ein Kinderkochkurs mit unserem Küchchef statt. Frage doch mal ob jemand von 15.00 - 19.00 Uhr Zeit hat. Erst wird gekocht, dann das gemeinsam gekochte gegessen. Vielleicht finden wir an diesem Nachmittag heraus, dass Koch der richtige Beruf im Hotel für Dich wäre......

In diesem Zusammenhang kannst Du auch gleich mal schauen, wie weit unser Hotel wirklich von zu Hause weg ist, vielleicht ist es gar nicht so schlimm wie Timo sagt.

So lieber Christoph, ich muss jetzt weiter arbeiten. Du kannst mich auch so besuchen kommen, dann zeige ich Dir das Hotel und wir fragen mal die anderen Mitarbeiter was die den ganzen Tag so machen.

Wie auch immer, ich würde mich freuen von Dir zu hören. Meine Telefonnummer und Adresse lege ich Dir in den Briefumschlag

Ich wünsche Dir und Deiner Familie eine schöne Vorweihnachtszeit und verbleibe
mit lieben Grüßen

Dein Stephan

Dein Stephan

Kommentar

Mehr Mühe als das Hilton hat sich niemand gegeben. Der Antwortbrief zusammen mit der Einladung und einem Anruf bei den Eltern inklusive eines Faxes an den Vater mit Kontaktdaten übertreffen alles, was an positiven Reaktionen eingegangen ist. Das Schreiben „aus der Buchhaltung" spricht für sich selbst. Wie die Anonymität aufgehoben wird, indem Stephan sich und seine Arbeit vorstellt, wie die Abläufe im Hotel kindgerecht erläutert werden, wie viel Entgegenkommen die beiden Einladungen ausdrücken – sensationell gut. Mehr kann sich ein Kind nicht wünschen, vielleicht nicht einmal erträumen, aber damit unterschätzen wir vielleicht die Dimensionen von Kinderträumen.

Voll Verantwortung und Humor

Taxi Berlin TZB

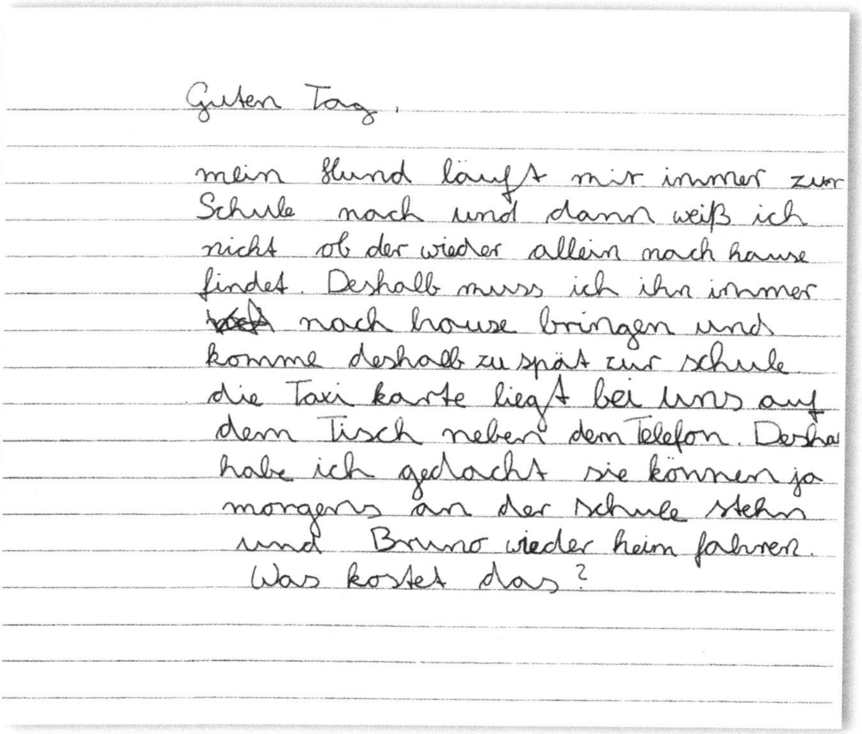

Guten Tag,

mein Hund läuft mir immer zur
Schule nach und dann weiß ich
nicht ob der wieder allein nach hause
findet. Deshalb muss ich ihn immer
~~[illegible]~~ nach hause bringen und
komme deshalb zu spät zur schule
die Taxi karte liegt bei uns auf
dem Tisch neben dem Telefon. Deshal
habe ich gedacht sie können ja
morgens an der schule stehn
und Bruno wieder heim fahren.
Was kostet das?

„Guten Tag, mein Hund läuft mir immer zu Schule nach und dann weiß ich nicht ob der wieder allein nach hause findet. Deshalb muss ich ihn immer nach hause bringen und komme deshalb zu spät zur schule. die Taxikarte liegt bei uns auf dem Tisch neben dem Telefon. Deshalb habe ich gedacht sie können ja morgens an der schule stehen und Bruno wieder heim fahren. Was kostet das?“

TAXI BERLIN
030 20 20 20

Taxi Berlin TZB GmbH
Persiusstraße 7
10245 Berlin

Postanschrift
Postfach 17 01 53
10203 Berlin

Tel. +49 (0)30 / 6902[redacted]
Fax +49 (0)30 / 6902[redacted]

info@taxi-berlin.de
www.taxi-berlin.de

Taxi Berlin TZB GmbH · Postfach 17 01 53 · 10203 Berlin

Dirk [redacted]

Berlin, den 06.12.2010

Dein Schreiben vom 22.11.2010

Hallo lieber Dirk,

vielen Dank für deinen Brief an uns. Dein Hund Bruno scheint sehr an dir zu hängen. Die Idee, dass ein Taxi morgens auf Dich und Bruno an der Schule warten kann, finde ich toll. Sicher würden das die Berliner Taxifahrer auch für Dich und deinen Hund gerne machen. Eine Taxifahrt kann aber ganz schön teuer werden. Der Taxifahrer schaltet sein Taxameter an der Schule ein und dann kostet das schon mal 3,20 Euro. Jeder Kilometer, den das Taxi mit Bruno fährt, kostet 1,65 Euro. Und wenn der Taxifahrer vor der Schule auf euch warten muss, kostet das auch noch mal extra Geld. Du siehst, das ist ganz schön viel Geld.

Vielleicht gelingt es dir ja, Bruno beizubringen, dass er artig zu Hause auf Dich wartet und dir nicht mehr hinterher läuft. Damit du Bruno belohnen kannst, wenn er zu Hause wartet, habe ich dir ein paar Frolic-Kaustangen in den Umschlag gepackt. Das T-Shirt und die Mütze kannst du sicher auch gut gebrauchen.

Ich wünsche Dir, deiner Familie und natürlich Bruno ein schöne Vorweihnachtszeit.

Liebe Grüße

[redacted]

ACHTUNG!!!
Neue Bankverbindung

Berliner Bank
BLZ 100 708 48
Kto. 524510500

Handelsregister
Amtsgericht Charlottenburg
HRB 108569 B

Steuernummer
37/212/21313

USt-IdNr.
DE255785698

Geschäftsführer
Hermann Waldner

XXXXXXXXXXX
Berliner Bank
XXXXXXXXXXX
BLZ 100 200 00
XXXXXXXXXXX

Kommentar

Taxi Berlin, nicht zu verwechseln mit dem Taxi-Ruf, der den Kinderbrief ignorierte, gibt eine gleichermaßen verantwortungsvolle und humorvolle Antwort. Das Schreiben vereint alle positiven Eigenschaften: Dirks Anliegen steht im Mittelpunkt, seine Idee wird positiv aufgenommen. Dann wird Dirk sachlich darüber informiert, dass diese Idee vielleicht doch nicht so gut, jedenfalls teuer ist. Mit wie viel Feingefühl die Verbundenheit zwischen Dirk und seinem Hund Bruno behandelt wird, Frolic-Kaustangen inklusive, das ist schon eine Meisterleistung. Einfach sympathisch – und das in der Hauptstadt der Schnodderschnauzen.

Einladung auf Augenhöhe

Peer Steinbrück, Schachspieler und Ex-Finanzminister

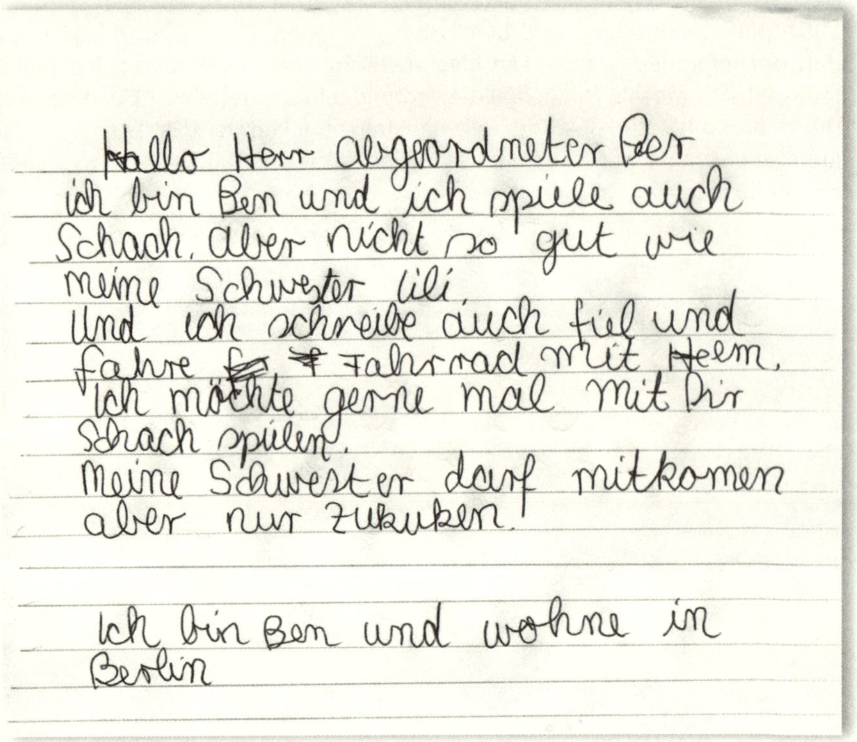
Hallo Herr abgeordneter Peer
ich bin Ben und ich spiele auch
Schach. aber nicht so gut wie
meine Schwester lili.
Und ich schreibe auch fiel und
fahre ~~f~~ ~~f~~ Fahrrad mit Helm.
Ich möchte gerne mal mit Dir
Schach spielen.
Meine Schwester darf mitkomen
aber nur zukuken.

Ich bin Ben und wohne in
Berlin

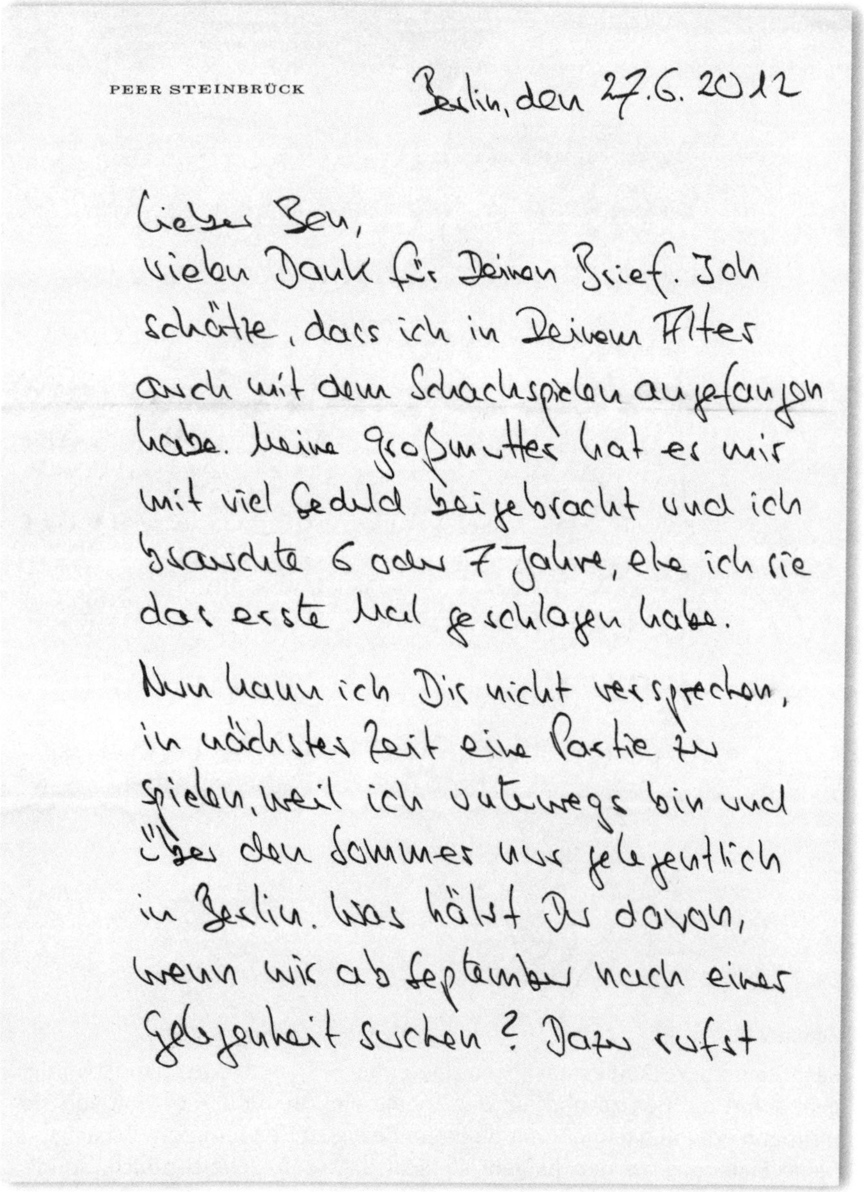

PEER STEINBRÜCK

Berlin, den 27.6.2012

Lieber Ben,
vielen Dank für Deinen Brief. Ich schätze, dass ich in Deinem Alter auch mit dem Schachspielen angefangen habe. Meine Großmutter hat es mir mit viel Geduld beigebracht und ich brauchte 6 oder 7 Jahre, ehe ich sie das erste Mal geschlagen habe.
Nun kann ich Dir nicht versprechen, in nächster Zeit eine Partie zu spielen, weil ich unterwegs bin und über den Sommer nur gelegentlich in Berlin. Was hältst Du davon, wenn wir ab September nach einer Gelegenheit suchen? Dazu rufst

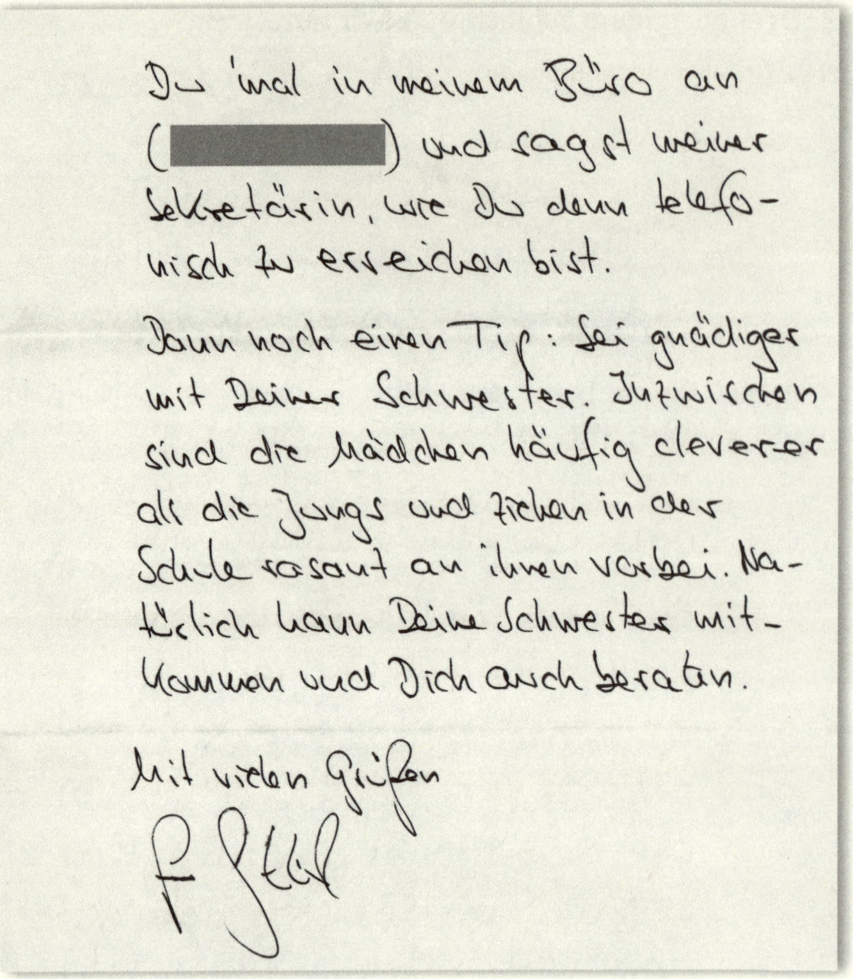

Du 'mal in meinem Büro an
([redacted]) und sagst meiner
Sekretärin, wie Du dann telefo-
nisch zu erreichen bist.

Dann noch einen Tip: Sei gnädiger
mit Deiner Schwester. Inzwischen
sind die Mädchen häufig cleverer
als die Jungs und ziehen in der
Schule rasant an ihnen vorbei. Na-
türlich kann Deine Schwester mit-
kommen und Dich auch beraten.

Mit vielen Grüßen

Kommentar

Peer Steinbrück, Bundestagsabgeordneter der SPD, antwortet handschriftlich, geht sofort auf Ben zu und auf das Thema ein. Steinbrück erzählt von sich, nicht anbiedernd, vielmehr mit direktem Bezug zu Ben und zum Schachspiel. Seine Einladung an den Jungen ist nicht allgemein-unverbindlich, sondern durch das Mitteilen seiner direkten Durchwahlnummer auch offensichtlich ernst gemeint. Da hat einer, der wahrhaftig genug zu tun hat, mitgedacht, mitgemacht und einen kleinen Ben mit großem Stolz erfüllt.

2. Drei besonders schlechte Antworten

Ein Brief an Minister Brüderle

Guten Tag,

meine Eltern sind auf Harz. Ich gehe in nextes Jahr von der Schule und kann dann eine Ausbildung machen.. Meine Klassenlehrerin sagt wir finden Arbeit im Internet. Wir haben aber kein Internet und mein Freund Ben schreibt auch Briefe. Wir suchen zusammen eine Ausbildung. Haben sie eine Idee? Die Ausbildung darf nichts kosten weil wir haben kein Geld. Wir machen kein Abitur wegen Geld.

Markus [redacted]

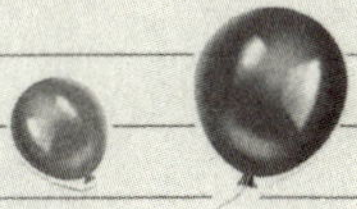

Bundesministerium
für Wirtschaft
und Technologie

Freiheit
Einheit
Demokratie

Bundesministerium für Wirtschaft und Technologie • 11019 Berlin

Herr
Sebastian [redacted]

TEL.-ZENTRALE +49 30 [redacted]
FAX +49 30
INTERNET

BEARBEITET VON [redacted]
TEL +49 30
FAX +49 30
E-MAIL [redacted]
AZ

DATUM Berlin, 16 November 2010

BETREFF Fachkräftemangel

BEZUG Ihr Schreiben an den Bundesminister Brüderle vom 05.11.2010

Sehr geehrter Herr [redacted]

vielen Dank für ihre Zuschrift.

Es ist angesichts der demografischen Entwicklung unbestritten, dass wir alle Potenziale am Arbeits- und Ausbildungsmarkt nutzen müssen, um die wieder anziehende Konjunktur zu stützen und einen drohenden Fachkräftemangel entgegenzuwirken. Dazu gehört, dass wir nach Möglichkeit alle jungen Menschen so qualifizieren, dass sie eine Ausbildung antreten können.

Eine umfängliche Beurteilung ihres persönlichen Falls kann seitens des Ministeriums nicht erfolgen – hierfür bitte ich um Verständnis. Die Vermittlung von Fachkräften gehört nicht zu den Aufgaben des Bundesministeriums für Wirtschaft und Technologie. Diese Aufgabe liegt bei der Arbeitsverwaltung.

Ich empfehle Ihnen die Agentur für Arbeit aufzusuchen:
Jobcenter Steglitz-Zehlendorf

HAUSANSCHRIFT Scharnhorststraße 34 - 37
10115 Berlin
VERKEHRSANBINDUNG U6 Naturkundemuseum
S-Bahn Berlin Hauptbahnhof

Seite 2 von 2 Birkbuschstraße 10
12167 Berlin

oder

Agentur für Arbeit Berlin Süd
Geschäftsstelle Steglitz-Zehlendorf
Händelplatz 1
12203 Berlin

Des Weiteren gibt es die Möglichkeit sich an den Betriebsberater der Handwerkskammer Berlin zu wenden. Ziel des Betriebsberaters ist es, allen ausbildungswilligen und ausbildungsfähigen jungen Menschen ein Ausbildungsangebot zu unterbreiten. Die Handwerkskammer Berlin finden Sie in der Blücherstr. 68, 10961 Berlin.

Ich wünsche Ihnen für ihre Ausbildungsplatzsuche alles Gute!

Mit freundlichen Grüßen
im Auftrag
[redacted]

Kommentar

Nichts gegen Routine, solange sie das Antwortschreiben nicht beherrscht wie Dauerregen den Tag. Der Minister antwortet, das ist das Beste, was sich sagen lässt. Dass er antworten „lässt", ist auch okay, aber: Wem die Antwort gilt, interessiert das Bundeswirtschaftsministerium null. Dieses Desinteresse geht so weit, dass nicht einmal auffällt, dass Sebastian angeschrieben wird, obwohl Markus L. den Brief unterschrieben hat. Mit der Sensibilität eines Eisblocks bei Minus zehn Grad Außentemperatur klärt das Wirtschaftsministerium einen besorgten, etwa 14-jährigen Jungen – „Ich gehe im nächsten Jahr von der Schule" – darüber auf, dass angesichts der demografischen Entwicklung alle Potenziale am Arbeits- und Ausbildungsmarkt genutzt werden müssen. Gequirlter Polittalk, als Sprechblase schon tausend Mal geplatzt, wird dem Jugendlichen als erster Satz serviert. Unpersönlicher geht nicht.

„Eine umfängliche Beurteilung Ihres persönlichen Falls kann seitens des Ministeriums nicht erfolgen" – schöner ist die Botschaft, Junge, nerv nicht, nie ausgedrückt worden. Es folgt der amtliche Stempel: „Nicht zuständig" und, immerhin, der Hinweis auf zwei Adressen, die sich um „ausbildungswillige und ausbildungsfähige" junge Menschen kümmern. Mist, Herr Ex-Minister Brüderle.

SAT.1

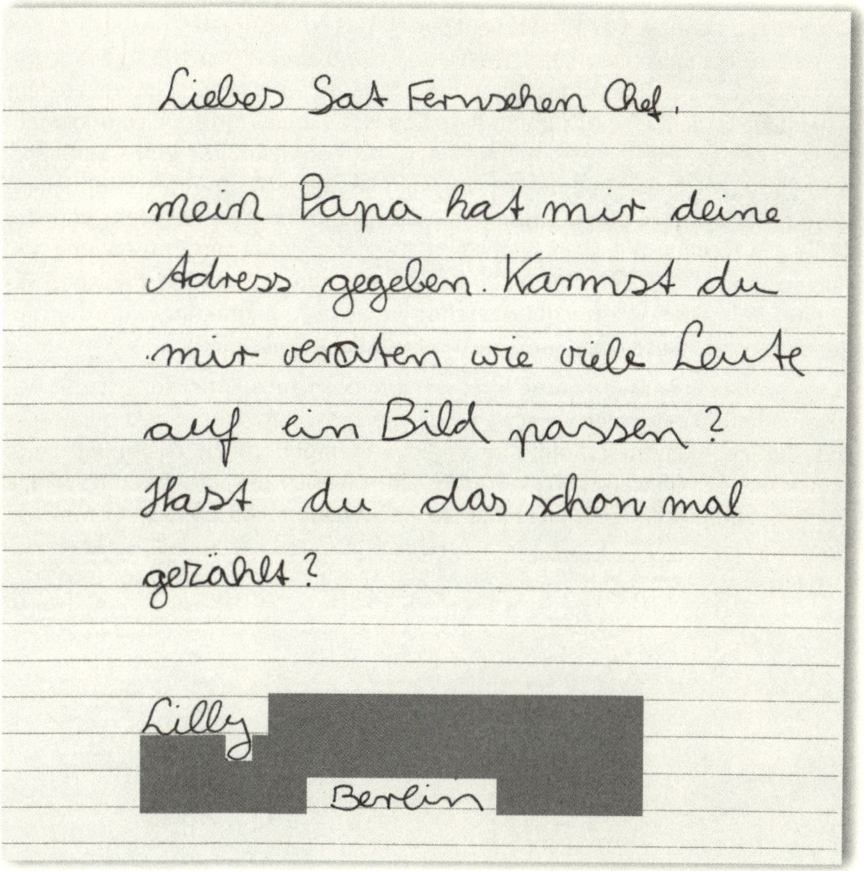
Liebes Sat Fernsehen Chef,

mein Papa hat mir deine Adress gegeben. Kannst du mir veraten wie viele Leute auf ein Bild passen? Hast du das schon mal gezählt?

Lilly [redacted] Berlin [redacted]

„Liebes Sat Fernsehen Chef

Mein Papa hat mir deine Adress gegeben. Kannst du mir veraten wie viele Leute auf ein Bild passen? Hast du das schon mal gezählt? Lilly – Berlin“

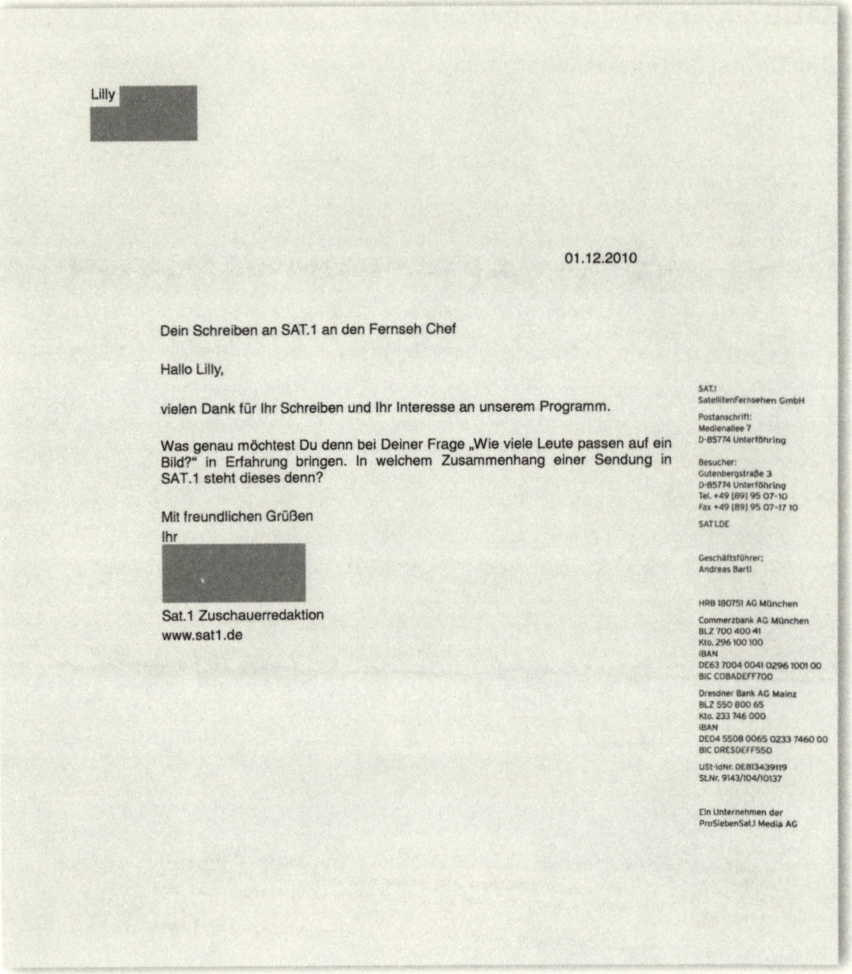

Lilly [redacted]

01.12.2010

Dein Schreiben an SAT.1 an den Fernseh Chef

Hallo Lilly,

vielen Dank für Ihr Schreiben und Ihr Interesse an unserem Programm.

Was genau möchtest Du denn bei Deiner Frage „Wie viele Leute passen auf ein Bild?“ in Erfahrung bringen. In welchem Zusammenhang einer Sendung in SAT.1 steht dieses denn?

Mit freundlichen Grüßen
Ihr
[redacted]

Sat.1 Zuschauerredaktion
www.sat1.de

SAT.1
SatellitenFernsehen GmbH

Postanschrift:
Medienallee 7
D-85774 Unterföhring

Besucher:
Gutenbergstraße 3
D-85774 Unterföhring
Tel. +49 (89) 95 07-10
Fax +49 (89) 95 07-17 10

SAT1.DE

Geschäftsführer:
Andreas Bartl

HRB 180751 AG München

Commerzbank AG München
BLZ 700 400 41
Kto. 296 100 100
IBAN
DE63 7004 0041 0296 1001 00
BIC COBADEFF700

Dresdner Bank AG Mainz
BLZ 550 800 65
Kto. 233 746 000
IBAN
DE04 5508 0065 0233 7460 00
BIC DRESDEFF550

USt-IdNr. DE813439119
St.Nr. 9143/104/10137

Ein Unternehmen der
ProSiebenSat.1 Media AG

Kommentar

Nach der Anrede „Hallo Lilly“ folgt der Wechsel in das Sie: „Vielen Dank für Ihr Schreiben und Ihr Interesse an unserem Programm.“ Vielen Dank für Ihr völliges Desinteresse an meinem Brief – würde Lilly dazu sagen. Dann die Hilflosigkeit in Person, gepaart mit der gänzlichen Unwilligkeit, auch nur einen einzigen eigenen Gedanken zu investieren. Lillys Steilvorlage für eine heiter-informative, das Kind wertschätzende Antwort wird abgewürgt.

Abblitzen lassen und abbürsten

Der Deutsche Gewerkschaftsbund

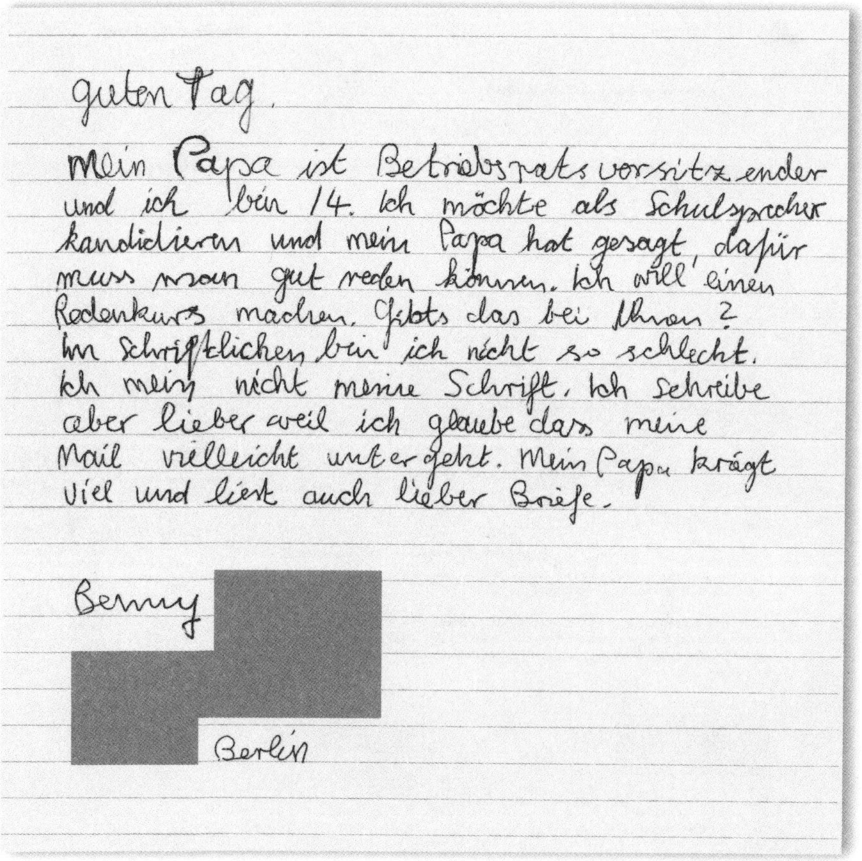

guten Tag.

Mein Papa ist Betriebsratsvorsitz ender und ich bin 14. Ich möchte als Schulsprecher kandidieren und mein Papa hat gesagt, dafür muss man gut reden können. Ich will einen Redenkurs machen. Gibts das bei Ihnen? Im Schriftlichen bin ich nicht so schlecht. Ich mein nicht meine Schrift. Ich schreibe aber lieber weil ich glaube dass meine Mail vielleicht untergeht. Mein Papa krägt viel und liest auch lieber Briefe.

Benny

Berlin

„Mein Papa ist Betriebsratsvorsitzender und ich bin 14. Ich möchte als Schulsprecher kandidieren und mein Papa hat gesagt, dafür muss man gut reden können. Ich will einen Redenkurs machen. Gibts das bei Ihnen? Im Schriftlichen bin ich nicht so schlecht. Ich mein nicht meine Schrift. Ich schreibe aber lieber weil ich glaube dass meine Mail vielleicht untergeht. Mein Papa kriegt viel und liest auch lieber Briefe. Benny – Berlin“

Deutscher Gewerkschaftsbund

Bundesvorstand

DGB Bundesvorstand · Postfach 110372 · 10833 Berlin

Herrn
Benny [redacted]

Hausanschrift:
Henriette-Herz-Platz 2
10178 Berlin

Postanschrift:
Postfach 11 03 72
10833 Berlin

Telefon: 030 – [redacted]
Telefax: 030 – [redacted]

Durchwahl: 030 – [redacted]

E-Mail:
[redacted]

Abteilung
Personal

Unsere Zeichen
[redacted]

Datum
08.11.10

Zertifikat seit 2005
audit berufundfamilie

Dein Schreiben vom 05. November 2010

Lieber Benny,

vielen Dank für dein Schreiben und dein Interesse an einem „Redekurs" beim DGB.

Wir bieten durchaus Seminare an, aber diese nur für unsere Beschäftigten. Daher können wir dir leider keinen Kurs anbieten. Oft bieten Volkshochschulen solche Kurse an.

Noch ein kleiner Tipp von uns: Handschriftliche Briefe machen auf Unternehmen oft keinen guten Eindruck. Deshalb wäre es vielleicht besser, nächstes Mal einen Brief mit Hilfe des Computers oder eine E-Mail zu schreiben.

Mit freundlichen Grüßen

[redacted]

DGB

SEB AG Düsseldorf (BLZ 300 101 11)
Konto 1000 200 600
Zus. bei Überweisungen aus dem Ausland
IBAN DE35 3001 0111 1000 2006 00
BIC ESSEDE5F300
Gedruckt auf chlorfrei gebleichtem Material.

Sie erreichen uns:
S – Bahnhof Hackescher Markt

Datenschutzhinweis nach § 33 Abs. 1:
Name, Adresse und zur Bearbeitung notwendige Angaben werden vorübergehend gespeichert.

Kommentar

Wen verwundert es nach einer solchen Antwort, dass Gewerkschaften Nachwuchssorgen haben? „Wir bieten durchaus Seminare an ...“ Tolle Information, das wollte Benny immer schon wissen. Ein engagierter Jugendlicher, offenkundig aus einer Familie mit gewerkschaftlicher Anbindung, der als Schulsprecher kandidieren möchte – wenn der nicht zur Zielgruppe gehört, dann wird die Gewerkschaft lange nach Ansprechpartnern suchen müssen.

Kein Wort der Freude, dass Benny an den DGB gedacht hat. Kein Wort der Ermutigung für sein hohes Ziel, Schulsprecher zu werden. Stattdessen Bevormundung, die sich als Tipp tarnt. Benny wird an den DGB keinen handschriftlichen Brief mehr schicken, aber auch keine E-Mail oder sonst noch jemals irgend etwas. Kalt abblitzen lassen und zusätzlich noch abbürsten, wenn der DGB dieses Image haben will, dann ist ihm dieses Antwortschreiben gelungen.

3. Die schlechteste Antwort ist, keine Antwort zu geben – Faulheit, Versehen oder bewusste Entscheidung dagegen?

Der Postweg hin und der Postweg zurück – einer von beiden kann nicht funktioniert haben: Das ist prinzipiell nicht auszuschließen in den Fällen, in welchen bei den Kindern keine Antwort eintraf. Nimmt man aber den Normalfall an, dann ist davon auszugehen, dass die Briefe der Kinder angekommen und in der ‚Ablage Papierkorb' verschwunden sind. Motivforschung haben wir nicht betrieben. Ob Ignoranz, Faulheit, ein Versehen, ein Zufall oder die bewusste Entscheidung „ist nicht so wichtig" im Spiel waren, muss offen bleiben. Fakt ist: Von 101 angeschriebenen Organisationen haben 37 nicht reagiert. Das ist deutlich weniger als die Hälfte, aber mehr als ein Drittel.

Nun sind Organisationen in aller Regel keine Veranstaltungen zum Erfüllen von Kinderwünschen. Sie haben einen – mehr oder weniger klar – definierten Zweck, verfolgen – mehr oder weniger konsequent – bestimmte Ziele. Sie sind gut beraten, sich nicht von Nebensächlichkeiten ablenken zu lassen. Briefe von „wildfremden Leuten", die nicht unmittelbar das laufende Geschäft betreffen, unbeachtet zu lassen, kann man auch als eine rationale Entscheidung bewerten. Welchen Nutzen hat es etwa für ein Hotel, dessen Zielgruppe ausschließlich Geschäftsreisende sind, auf irgendeine Frage eines Kindes einzugehen? Alle Erfahrung mag dafür sprechen, dass man sich diesen Aufwand sparen kann: Tausend Mal ignoriert, nix passiert. In einem Buch namentlich erwähnt zu werden, nur weil man den Brief eines x-beliebigen Kindes in den Papierkorb warf, wäre schon außergewöhnlich großes Pech. Aber am Ende ja auch nicht so schlimm. Denn, lassen wir die Kirche im Dorf, im Vergleich zu dem, was in Wirtschaft und Politik ‚gelegentlich so läuft', wirkt es wie eine sehr lässliche Sünde, einen Kinderbrief nicht zu beantworten.

Andererseits haben Organisationen gelernt, dass sie ein gutes Image brauchen. Reputation spielt eine wachsende Rolle sowohl für Kunden, für Investoren als auch für qualifizierte Mitarbeiterinnen und Mitarbeiter. Sich als „guter Bürger" zu profilieren – Stichwort Corporate Citizenship –, gesellschaftliche Verantwortung zu demonstrieren – Stichwort Corporate Social Responsibility – oder sich als großzügiger Sponsor zu präsentieren, sind längst keine Nebensächlichkeiten mehr, sondern sinnvolle Elemente der Organisationsstrategie, zumindest der Kommunikationsstrategie. Briefe mit Anfragen zu ignorieren, passt nicht zu diesem erwünschten Image des verantwortlich handelnden Akteurs.

Für politische Organisationen ist es von Anfang an naheliegender, Briefe „aus dem Volk“ ernst zu nehmen, weil politischer Erfolg, die Chance, Ämter zu übernehmen bzw. zu behalten, mit den Wahlentscheidungen aller Bürgerinnen und Bürger sehr direkt zusammenhängen. Die Befürchtung dürfte groß sein, dass ignorierte Briefe das gängige Vorurteil nähren, die Politik entscheide über die Köpfe der Menschen hinweg. Die Quote der unbeantworteten Briefe liegt bei den Organisationen aus der Wirtschaft deshalb markant höher.

Organisationen, darüber gibt es viele kluge Bücher, sind eben immer auch ein Stück organisierter Verantwortungslosigkeit. Das Organisationsleben lädt dazu ein, sich zu verstecken, notfalls hinter der Allerweltsausrede, dass gerade so viel zu tun sei. Welche Versteckspiele beliebt sind, welche geradezu gefördert und welche nur geduldet werden, das hat etwas mit der gelebten Alltagskultur zu tun. Sie bildet eine Art geheimes Einverständnis darüber, was man tut, was besser unterbleibt und wobei man sich lieber nicht erwischen lässt. Der Kern jeder Organisationskultur besteht aus einem Prioritätenkatalog, einem Katalog, der als Summe der Erfahrungen, als abrufbare Erinnerungen, wofür man gerügt und wofür man gelobt wurde, in allen Köpfen präsent ist. Vorrangig oder nachrangig, das ist die Entscheidung, die Mitarbeiterinnen und Mitarbeiter bei allem, was anfällt ständig zu treffen haben. Diese Priorität wird auch gesetzt, wenn es gilt, einen Kinderbrief zu beantworten. 37 Organisationen und prominente Personen haben Lili und Ben vergeblich zum Briefkasten laufen lassen; wobei die Möglichkeit bestehen bleibt, dass einer der beiden Postwege eine Sackgasse war. Drei Beispiele zeigen wir:

Ein Flughafen

lieber Flughafenchef,
mein Opi sagt ich darf
schreiben. Ich wünsche
mir nemlich mal im
Flughafen unten da
wo die Koffer raus kommen
mal zu gucken.
Opi sagt das get nur wenn
der chef ja sagt.
Ich bin Benny und 12

ich wohne bei Opi und Omi.
Mami macht ein Kur.

Benny [redacted]

Eine Krankenkasse

Guten Tag,

Ich sehe da immer diese aids-
plakate. Wo kann ich mich informieren
und kann nicht mal einer von euch
zu uns in die Schule kommen?
Ich finde das voll wichtig das alle
wissen was da abgeht wenn man
sich nicht schützt. Ich bin 15.
Viele von uns machen schon sex.
Ich mach das noch nicht.

Lilliana [redacted]

Ein Verband

guten Tag,
meine Mutter verdient als Putzkraft
zu wenig und ich will eine Demo vor
der Putzfirma machen. Ich weiss dass
meine Freunde voll darauf abfahren
würden und die würden bestimmt
mitmachen und das voll cool finden.
Wer kann mir helfen. Gibt es
ein Buch über Demos das nichts
kostet. Wir haben kein Geld.

Lily [redacted]

IV. Schreibst du mir, ob alles gut wird

„Briefe erröten nicht", wusste schon Cicero; Kinderbriefe erst recht nicht. Sie zu beantworten, ist keine leichte Aufgabe. Wie sie gelöst wurde, dafür folgen jetzt viele Beispiele, aufgeteilt in vier Abschnitte.

Die Antwortbriefe werden zusammen mit den Kinderfragen vorgestellt und bewertet. Damit eilige Leserinnen und Leser die Bewertung schnell erfassen können, verwenden wir das gängige Smiley-Symbol.

Antworten, die wir als rundum gut einstufen, bekommen das lachende,

☺

Antworten, die wir als ‚voll schlecht' beurteilen, das ärgerlich-enttäuschte.

☹

Wenn positive und negative Aspekte nicht ausgeprägt sind oder sich gegenseitig aufheben, verwenden wir das neutrale Smiley, das befriedigenden Durchschnitt ausdrückt.

😐

Viele Antwortbriefe lassen sich nicht so eindeutig klassifizieren. Sie haben, gemessen an unseren Kriterien verständlich, freundlich und hilfreich, ihre Stärken und ihre Schwächen. Im jeweiligen Kommentar geben wir Erläuterungen dazu. Für die plakative Kennzeichnung verwenden wir dann zwei Symbole. Das erste drückt die Grundbewertung aus, das zweite die Tendenz zum Besseren oder zum Schlechteren, beispielsweise:

Gut mit Tendenz zum Durchschnitt: ☺ 😐

Durchschnitt mit Tendenz zu gut: 😐 ☺

Durchschnitt mit Tendenz zu schlecht: 😐 ☹

Schlecht mit Tendenz zum Durchschnitt: ☹ 😐

A. Antworten aus der Wirtschaft

1. LEGO, Haribo & Co – Erstens Kunde, fünftens Kind

Haribo macht Kinder froh, LEGO, STORCK und der Weihnachtsmann ebenso. Die Umkehrung des Satzes stimmt auch: Für diese und viele andere Firmen sind Kinder bedeutende Endverbraucher. Ob diese Firmen über ihre Bilanzen froh sein können, entscheidet sich nicht nur, aber vor allem auch daran, ob die Kinder ihre Ware konsumieren. Von wem, wenn nicht von solchen Unternehmen ist zu erwarten, dass sie mit Kindern zu kommunizieren verstehen; dass sie ihren kleinen Kunden das Gefühl geben können, nicht nützliche Idioten, sondern beliebte Partner zu sein. Die Überraschung ist ebenso groß wie unerfreulich. In der brieflichen Kommunikation versagen die „kinderfreundlichen" Firmen. Sie können es nicht. Würden sie Schulnoten bekommen, wäre die Versetzung stark gefährdet. Sie behandeln die Kinder als Käufer, nicht als interessante und interessierte junge Menschen.

STORCK

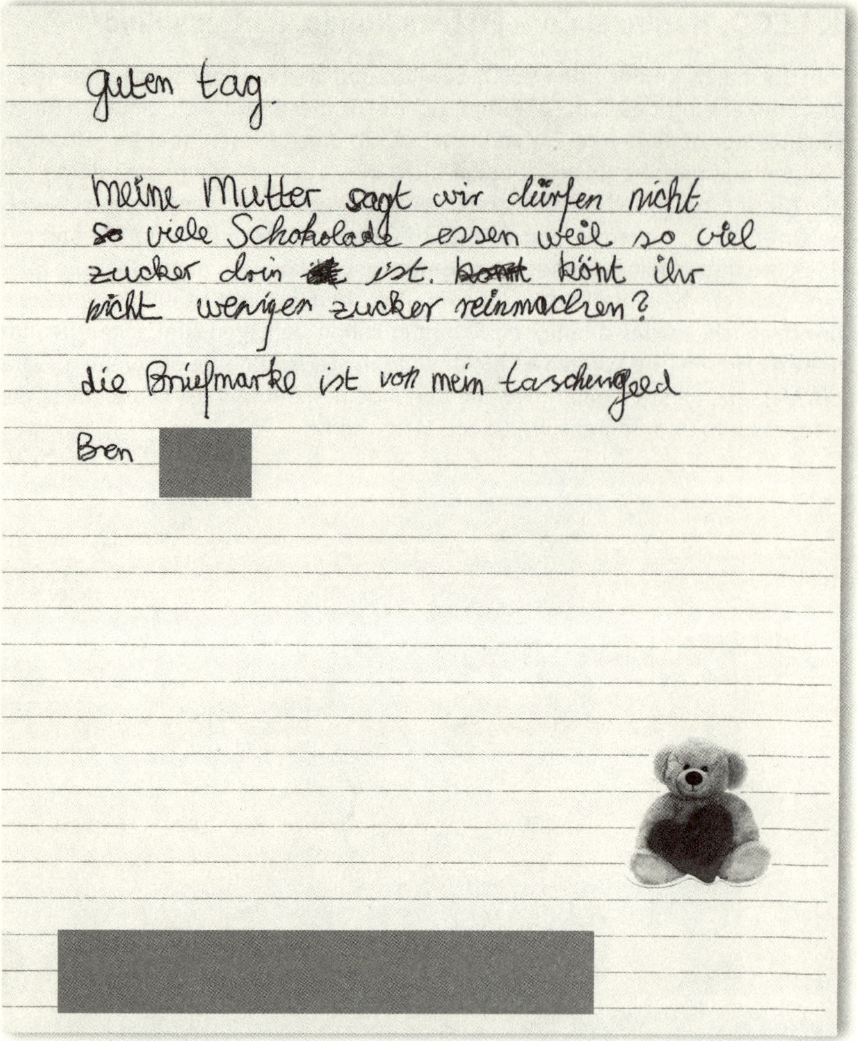
guten tag.

meine Mutter sagt wir dürfen nicht so viele Schokolade essen weil so viel zucker drin ist. könt ihr nicht weniger zucker reinmachen?

die Briefmarke ist von mein taschengeld

Ben [redacted]

[redacted]

„Guten tag, meine Mutter sagt wir dürfen nicht so viele Schokolade essen weil so viel zucker drin ist. Könt ihr nicht weniger zucker reinmachen? die Briefmarke ist von mein taschengeld. Ben"

STORCK

Ben [redacted]

AUGUST STORCK KG
Waldstraße 27
13403 Berlin
Telefon (0 30) 4 17 73 - [redacted]
Telefax (0 30) 4 17 73 - [redacted]
http: //www.storck.com

Ansprechpartner	Abteilung	Durchwahl	Telefax	Datum
[redacted]				Berlin, 10. Dezember 2010

<u>Deine Anfrage</u>

Lieber Ben,

vielen Dank für dein Schreiben, in dem du uns fragst, ob wir unsere Schokolade auch mit weniger Zucker herstellen können.

Leider müssen wir dir mitteilen, dass wir das Rezept unserer Schokoladen nicht ändern können, da unsere Schokoladen von unseren großen und kleinen Verbrauchern sehr geschätzt werden und der Geschmack sehr beliebt ist.

Wir bitten um dein Verständnis und freuen uns, dass du ein großer Fan unserer STORCK Marken bist.

Mit freundlichen Grüßen

AUGUST STORCK KG

i. A.

[redacted]

AUGUST STORCK KG
Sitz: Berlin
Amtsgericht Charlottenburg HRA 22 321
Persönlich haftende Gesellschafter:
Axel Oberwelland
AUGUST STORCK Verwaltungsgesellschaft mbH
Amtsgericht Charlottenburg HRB 30 978

Geschäftsführer:
Thomas Albrecht, Jan Hendricks
Alwin Maaskant, Robert Mähler, Michael Zink

Westdeutsche Landesbank,
Düsseldorf
BLZ 300 500 00
Konto-Nr. 371 732
SWIFT Code WELADEDD
IBAN DE08 3005 0000 0000 3717 32

Kommentar

Die Firma STORCK benutzt für ihre Antwort den klassischen Geschäftsbriefkopf und vereinnahmt Ben als STORCK-Fan, obwohl er nichts anderes schreibt, als dass er gerne Schokolade isst. Sein Hinweis, dass er extra eine Briefmarke von seinem Taschengeld geopfert hat, wird achtlos übergangen.

Himmelpfort

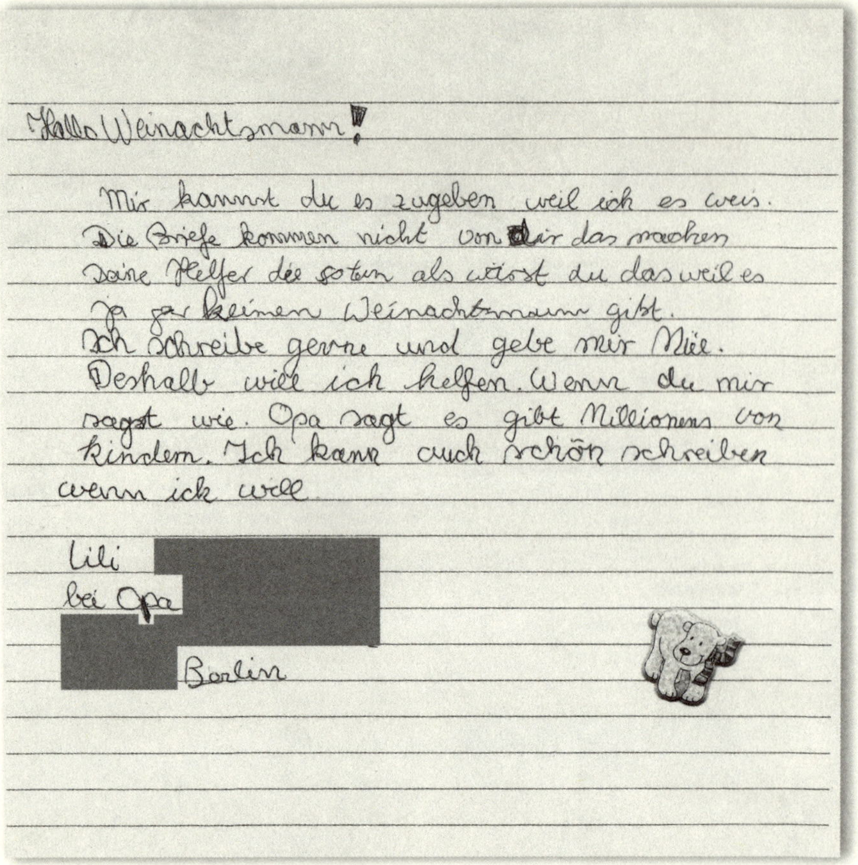
Hallo Weinachtsmann!
Mir kannst du es zugeben weil ich es weis.
Die Briefe kommen nicht von dir das machen
deine Helfer die so tun als wärst du das weil es
ja gar keinen Weinachtsmann gibt.
Ich schreibe gerne und gebe mir Müe.
Deshalb will ich helfen. Wenn du mir
sagst wie. Opa sagt es gibt Millionens von
kindern. Ich kann auch schön schreiben
wenn ich will

Lili [redacted]
bei Opa [redacted]
Berlin

„Hallo Weinachtsmann! Mir kannst du es zugeben weil ich es weis. Die Briefe kommen nicht von dir das machen Deine Helfer die so tun als wärst du das weil es ja gar keinen Weinachtsmann gibt. Ich schreibe gerne und gebe mir Müe. Deshalb will ich helfen. Wenn du mir sagst wie. Opa sagt es gibt Millionens von kindern. Ich kann auch schön schreiben wenn ich will.

Lili bei Opa – Berlin"

liebe lili,

vielen Dank für deinen Brief, den ich in meiner Weihnachtspostfiliale in Himmelpfort erhalten habe.

Täglich schreiben mir viele Kinder aus 125 Ländern dieser Erde. Ich freue mich jedes Mal, Post zu bekommen! Manche Mädchen und Jungen malen oder schreiben mir, was sie sich von mir wünschen. Oft werden mir auch tolle Bilder von meinem Schlitten und von Weihnachtsbäumen zugeschickt.

Meine fleißigen Engel helfen mir, die Briefe so schnell wie möglich zu beantworten. Aber auch meine Rentiere dürfen nicht vergessen werden. Sorgen sie doch Jahr für Jahr dafür, dass ich den Kindern ihre Geschenke bringen kann. Unermüdlich fliegen sie mit mir hoch über den Wolken, damit ich die Päckchen verteilen kann. Leider kann ich nicht jeden Wunsch erfüllen, aber ich bemühe mich, dir und den anderen Kindern ein glückliches Weihnachtsfest zu bereiten.

Sicher schreibst du gerne Briefe. Darum schicke ich dir eine kleine Überraschung mit! Ich würde mich sehr freuen, wenn du mir dann im nächsten Jahr berichtest, wie sie dir gefallen hat! Meine Engel und meine Rentiere werden dann auch wieder an meiner Seite sein und sich um all die lieben Kinder kümmern, die mir ihre Wünsche schicken.

Bis dahin sei schön artig und habe ein wunderschönes Weihnachten.

Dein treuer Freund, der

Weihnachtsmann

Kommentar

Schön bunt gestaltet, löst der Brief des Weihnachtsmanns auf den ersten Blick Freude aus. Die Enttäuschung folgt auf den Fuß. Der Text ist vollständig abwaschbar, der typische „Persilzettel", dem der Name des angeschriebenen Kindes vorangestellt wird. Lili schreibt im ersten Satz: „Ich weiß, dass es dich nicht gibt" und der Briefeschreiber unterzeichnet mit: „Dein treuer Freund, der Weihnachtsmann." Der Weihnachtsmann erzählt eigentlich nur von sich und nur aus seiner Perspektive.

HARIBO

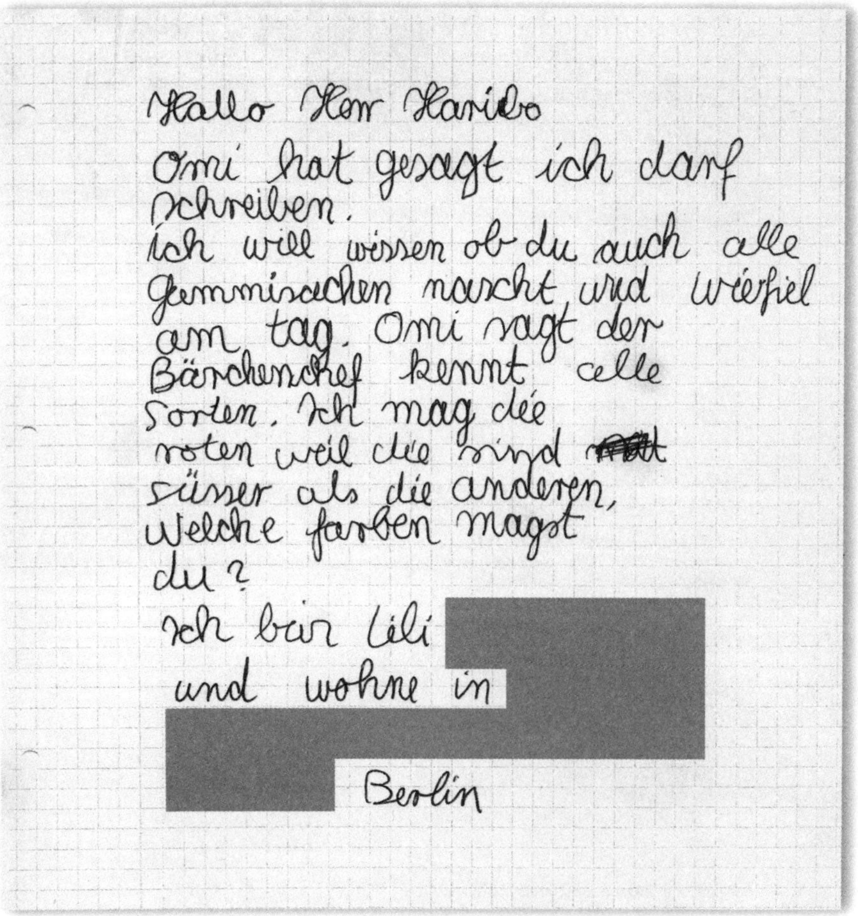

Hallo Herr Haribo

Omi hat gesagt ich darf
schreiben.
Ich will wissen ob du auch alle
Gummisachen nascht und wiefiel
am tag. Omi sagt der
Bärchenchef kennt alle
Sorten. Ich mag die
roten weil die sind ~~[illegible]~~
süsser als die anderen,
Welche farben magst
du?

Ich bin Lili [redacted]
und wohne in [redacted]
Berlin

HARIBO

HARIBO MACHT KINDER FROH UND ERWACHSENE EBENSO

HARIBO GmbH & Co. KG · Postfach 17 20 · D-53007 Bonn

Schülerin
Lili [redacted]

[redacted] Bonn, 01.04.2011

Liebe Lili,

über Dein Schreiben haben wir uns sehr gefreut. Dein Brief zeigt uns auf eine ganz besondere Art, wie beliebt unsere Produkte bei Kindern sind.

Als kleines Dankeschön für Dein tolles Schreiben und die Bestätigung der Qualität unserer Produkte senden wir Dir mit gleicher Post einen süßen Gruß aus Bonn, um Dir eine kleine Freude zu bereiten.

Wir hoffen, dass Du auch weiterhin zu unseren treuen Fans gehörst und wünschen Dir alles erdenklich Gute für die weitere Zukunft.

Mit freundlichen Grüßen aus Bonn
HARIBO GmbH & Co KG

[redacted]

Referentin Presse- und Öffentlichkeitsarbeit

Anlagen: **200 g Beutel HARIBO „GOLDBÄREN"**

Imagebroschüre

HARIBO GmbH & Co. KG
Hans-Riegel-Straße 1, D-53129 Bonn
Kommanditgesellschaft mit Sitz in Bonn
Telefon +49 (0) 228 / 537-0
Telefax +49 (0) 228 / 537-289
http://www.haribo.com
E-Mail: info@haribo.com

Registergericht Bonn, HRA 593
persönlich haftende Gesellschafterin:
HARIBO Verwaltungs GmbH, Sitz Bonn
Registergericht Bonn HRB 2927
Geschäftsführer:
Dr. Hans Riegel und Hans Guido Riegel
Steuernummer: 205/5812/0755
USt-IdNr. DE122121009, ILN 40 01686 00000 7

Sparkasse KölnBonn (BLZ 370 501 98) Kto.-Nr. 225 004 1
IBAN: DE 433 705 019 800 022 500 41, BIC: COLSDE33
HSBC Trinkaus & Burkhardt KGaA (BLZ 300 308 80) Kto.-Nr. 1 0861 004
IBAN: DE 823 003 088 000 108 610 04, BIC: TUBDDEDD
Commerzbank AG Bonn (BLZ 380 400 07) Kto.-Nr. 10 537 01
IBAN: DE 433 804 000 701 053 701 00, BIC: COBADEFF380
Deutsche Bank AG Bonn (BLZ 380 700 59) Kto.-Nr. 054 4445 00
IBAN DE 93 3807 0059 0054 4445 00, BIC DEUTDEDK380
Postbank Köln (BLZ 370 100 50) Kto.-Nr. 480 745 01
IBAN: DE 963 701 005 000 480 745 01, BIC: PBNKDEFF

Kommentar

200 Gramm Goldbären, eine Imagebroschüre und ein Text für alle Gelegenheiten voll des Eigenlobes, ohne jeden Bezug zum Anliegen des Kindes, so speist der „liebe Herr Haribo“ die kleine Lili ab. Lili, die wissen will, wie viel Herr Haribo nascht und welche Bärenfarbe er bevorzugt, bekommt aus der Haribo-Presse- und Öffentlichkeitsarbeit mitgeteilt: „Dein Brief zeigt uns auf eine ganz besondere Art, wie beliebt unsere Produkte bei Kindern sind.“ Lili wird zur Werbeträgerin, ihr Brief zur Streicheleinheit für die Firma umfunktioniert.

LEGO

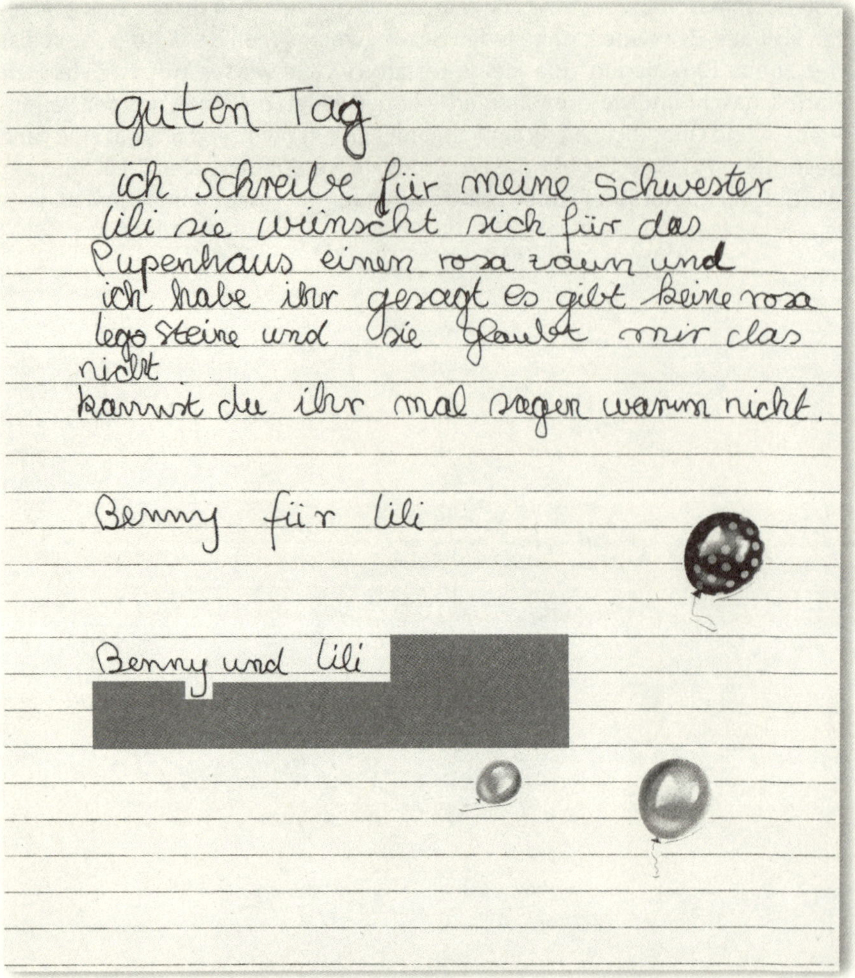
guten Tag
ich schreibe für meine Schwester
lili sie wünscht sich für das
Pupenhaus einen rosa zaun und
ich habe ihr gesagt es gibt keine rosa
lego steine und sie glaubt mir das
nicht
kannst du ihr mal sagen warum nicht.

Benny für lili

Benny und lili [redacted]

„Guten Tag – ich schreibe für meine schwester Lili sie wünscht sich für das Pupenhaus einen rosa zaun und ich habe ihr gesagt es gibt keine rosa Legosteine und sie glaubt mir das nicht. Kannst du ihr mal sagen warum nicht. Benny für Lili"

Benny Und Lili [redacted]

GERMANY

-001-01

027476136A

13. Dezember 2010

Lieber Benny, liebe Lili,

vielen Dank, dass ihr euch bei uns gemeldet habt.

Es tut mir sehr leid für Dich, lieber Benny, aber Deine Schwester Lili hat Recht - es gibt tatsächlich rosafarbene LEGO® Steine! Wir haben zum Beispiel eine eigene LEGO Steinebox (Nr. 5585) für Mädchen, in der - unter anderem - einige hell- und dunkelrosafarbene Steine enthalten sind.

Außerdem gibt es unser LEGO Belville Thema, in dem viele rosafarbene Elemente enthalten sind. Vielleicht erlauben es Eure Eltern ja, dass wir Euch einen LEGO Katalog zusenden, dann könnt Ihr Euch selbst davon überzeugen. Auf unserer Internetseite www.lego.de gibt es natürlich ebenfalls einen tollen Überblick.

Wenn Ihr genauere Informationen möchtet, können Eure Eltern auch gerne direkt bei uns anrufen - die Telefonnummer lautet 00800 5346 5555 und ist aus dem Festnetz völlig kostenlos.

Vielen Dank noch einmal für Euren tollen Brief, wir haben uns sehr darüber gefreut!

Liebe Grüße

[redacted]

LEGO Direct

Wusstest du schon...?
Nebeneinander gelegt reichen alle Packungen, die LEGO in den letzten 10 Jahren hergestellt hat, von London bis nach Perth in Australien.

[LEGO System A/S, Aastvej 1, 7190 Billund, Dänemark - Registergericht: Retten i Kolding, Domhusgade 24, 6000 Kolding, Dänemark - Handelsregisternummer: CVR 47458714 - Geschäftsführer: Christian Iversen, Lisbeth Valther Pallesen und Mads Nipper]

	Lagerplatz	Anlage		Beschreibung	Anz.	Preis
	PAKKEBORD	4269482		FREE KEYRING [0]	2	0.00
				Nettobetrag		0.00
				Versand		0.00
				MwSt 19.00%		0.00
				- Remit Amount		0.00
				Gesamtbetrag	(EUR)	0.00

LEGO Direct
Technopark II
Werner-von-Siemens-Ring 14
85630 Grasbrunn, Germany

www.LEGO.com
Tel. 00800 [redacted]
Email (web form):
www.LEGO.com/service

Die Firma ist registriert:
LEGO System A/S
DK-7190 Billund
MWst.-Nr.: DK 47 45 87 14 - DE1524006988

Kommentar

Einzig LEGO geht auf Benny und Lilis gemeinsame Frage ein. Sie wollen wissen, ob es rosa Legosteine gibt. Etwas sehr geschäftstüchtig die Antwort, aber die Kinder nehmen wahr, dass dieses Schreiben ihnen und nur ihnen gilt, denn es handelt von ihren Angelegenheiten. Da ist es den Kindern egal, dass der Absender vergessen hat, den Brief zu unterschreiben. Die zwei kleinen beigelegten LEGO-Anhänger gefallen den Kindern natürlich.

2. Bahn, Bayer, Vattenfall ... im Durchschnitt solide

Das Spektrum der Antworten, wie sie große Konzerne zustande bringen, ist relativ klein. Prägend erscheint eine solide Mitte, die zwischen Seriosität und Langeweile pendelt. Es mag auch daran liegen, dass sich die Originalität unserer Kinder-Test-Briefe, die wir an diese „großen Adressen" verschickt haben, in Grenzen hält. Anfragen nach Praktika oder Lehrstellen sind nun einmal Routine und müssen mit einer routinierten Antwort rechnen. Trotzdem stechen einige heraus, einer negativ, einige positiv.

RWE AG

Hallo Herr Chef RWE,
Omi sagt Strom ist teuer und
deshalb möchte ich Omi zum
Geburtstag einen Gutschein
schenken. Bei uns in Berlin
gibt es das nicht sagt mein
Bruder Ben. Gibt es das bei
dir? Ben hat mir deine
strasse gesagt weil er ein
internet hat. Wenn ich gros bin
stelle ich mir ein Wintrad
vor meim Haus.

Ich bin Lili

Lili [redacted]

Ich habe meiner Schwester gesagt, sie soll schreiben
Ben [redacted]

RWE

Peter Terium
Vorsitzender des Vorstandes
Chief Executive Officer

Essen, 4. Juli 2012

Liebe Lili,

ich bin Peter Terium, der Chef von RWE.

Dein netter Brief ist bei mir angekommen. Ich verstehe, wenn Deine Omi sagt, Strom sei teuer. Deshalb habe ich überlegt, wie ich Dir helfen kann. Einen Stromgutschein, den Du ihr zum Geburtstag schenken könntest, gibt es auch bei uns nicht. Aber ich habe eine andere, wie ich finde, bessere Idee:

RWE hat in Berlin einen Verein ins Leben gerufen, der anderen Leuten kostenlos hilft, weniger Energie zu verbrauchen. Er heißt „Cleverer Kiez". Eine solche Energieberatung möchte ich Dir anbieten. Sicherlich weißt Du: Weniger Energie kostet weniger Geld. Die Leute von „Cleverer Kiez" würden also zu Deiner Omi nach Hause kommen und ihr sagen, wo sie Energie und damit auch Geld sparen kann. Das ist viel besser als ein Gutschein, denn auf diese Weise spart Deine Omi jeden Monat Geld. Ist das nicht eine tolle Idee für ein Geburtstagsgeschenk? Was meinst Du? Schreib' mir einfach Deine Antwort. Vielleicht kann Dein Bruder Ben Dir dabei helfen.

Viele Grüße

RWE Aktiengesellschaft
Opernplatz 1
45128 Essen
T +49 [redacted]
F +49 [redacted]
E [redacted]

VORWEG GEHEN

Kommentar

Diese Antwort gehört mit zu den besten, die eingetroffen sind. Das Bemühen, dem Anliegen Lilis gerecht zu werden, erscheint vorbildlich. Verständliche Erläuterungen, freundlicher Ton und ein Lösungsangebot – so wünscht man sich Unternehmenskommunikation.

Vattenfall

Auf der besseren Seite des Unterschieds finden wir auch Vattenfall. Nun will Ben wissen, wie er seiner Oma zu Weihnachten Strom schenken kann.

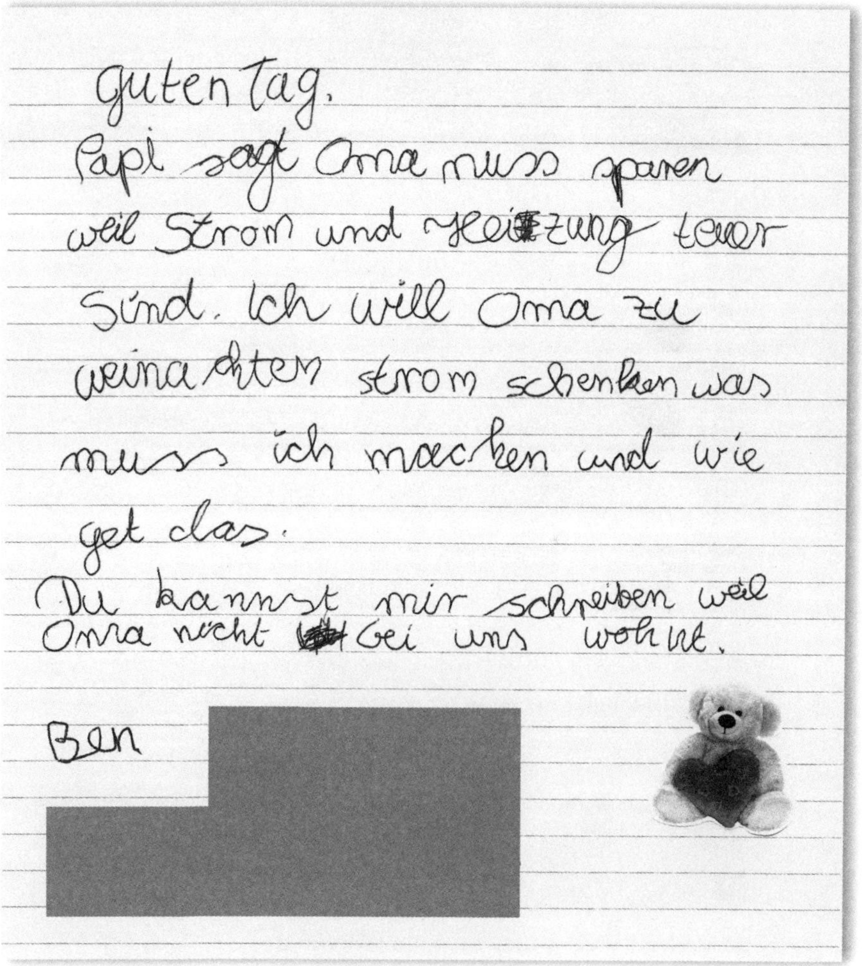
Guten Tag.
Papi sagt Oma muss sparen
weil Strom und Heizung teuer
sind. Ich will Oma zu
weinachten strom schenken was
muss ich macken und wie
get das.
Du kannst mir schreiben weil
Oma nicht bei uns wohnt.

Ben [redacted]

VATTENFALL

Vattenfall Europe Sales GmbH
Postfach 44 06 44, 12006 Berlin

An
Ben [redacted]

Hallo Ben,

vielen Dank für Deinen Brief, in dem Du uns gefragt hast, wie Du Deiner Oma zu Weihnachten Strom schenken kannst.

Bitte entschuldige, dass Du solange auf eine Antwort warten musstest. Wir haben im Moment sehr viel zu tun, weil wir viele neue Programme für unsere Computer bekommen haben und noch besser lernen müssen, wie jetzt alles funktioniert.

Leider kann ich Dir nicht helfen. Ich habe viele Leute bei Vattenfall gefragt, aber so etwas wie einen Gutschein für Strom kann man bei uns leider nicht kaufen.

Damit Du deiner Oma zu Weihnachten trotzdem eine kleine Freude machen kannst, habe ich meinem Brief einen Rezeptkalender für 2011 beigelegt. Wenn Du den schön einpackst, freut sie sich bestimmt. Vielleicht kocht sie dir ja auch mal eins der leckeren Rezepte.

Weil Dir Deine Oma bestimmt auch öfter mal einen Brief schreiben möchte, habe ich noch ein Päckchen mit Briefmarken dazugelegt, die sie dafür benutzen kann.

Es tut mir wirklich leid, dass ich nicht mehr für Dich tun kann, hoffe aber, dass ich dir trotzdem ein bisschen weiterhelfen konnte.

Viele Grüße und frohe Weihnachten.

Vattenfall Europe Sales GmbH

[redacted]

PS: Auch für Dich habe ich ein kleines Weihnachtsgeschenk beigelegt.

0254 - 02.07

Vattenfall Europe Sales GmbH

Unsere Zeichen
Kundenservice Berlin

Besucheranschrift
Sellerstr. 16
13353 Berlin

Besuchszeit
Mo. bis Fr. 9-18 Uhr

Datum
13.12.2010

Ansprechpartner/in
[redacted]

Telefon-Durchwahl
[redacted]

*3,9 Cent/Min. aus dem deutschen Festnetz, max. 42 Cent/Min dem Mobilfunknetz

Telefax-Durchwahl
[redacted]

E-Mail
stromkunden.berlin @vattenfall.de

Ihre Zeichen

Ihre Nachricht vom

www.vattenfall.de

Geschäftsführer
Prof. Dr. Werner Süss, Vorsitzender
Klas Liljegren
Andreas Uhlig
Rainer Wittenberg

Sitz der Gesellschaft
Hamburg

Handelsregister
Amtsgericht Hamburg
HRB 87512

USt-ID-Nummer
DE 813577496

Bankverbindung
Landesbank Baden-Württemberg
BLZ 600 501 01
Konto-Nr 2744333

IBAN
DE08 6005 0101 0002 7443 33
SWIFT-Code SOLADEST

Kommentar

Die Antwort fällt negativ aus, aber das Schreiben geht sehr freundlich und verständnisvoll auf Ben zu, wählt einen angemessenen Ton und bietet ihm mit dem Rezeptkalender eine Geschenk-Alternative. Mit einem Elch und Briefmarken wird zudem Ben selbst reich beschenkt.

Die entscheidende Frage, warum Vattenfall keine Strom-Gutscheine anbietet, bleibt freilich unerklärt; sie wird noch nicht einmal als eine Anregung aufgenommen, über die nachzudenken lohnend sein könnte.

Airberlin

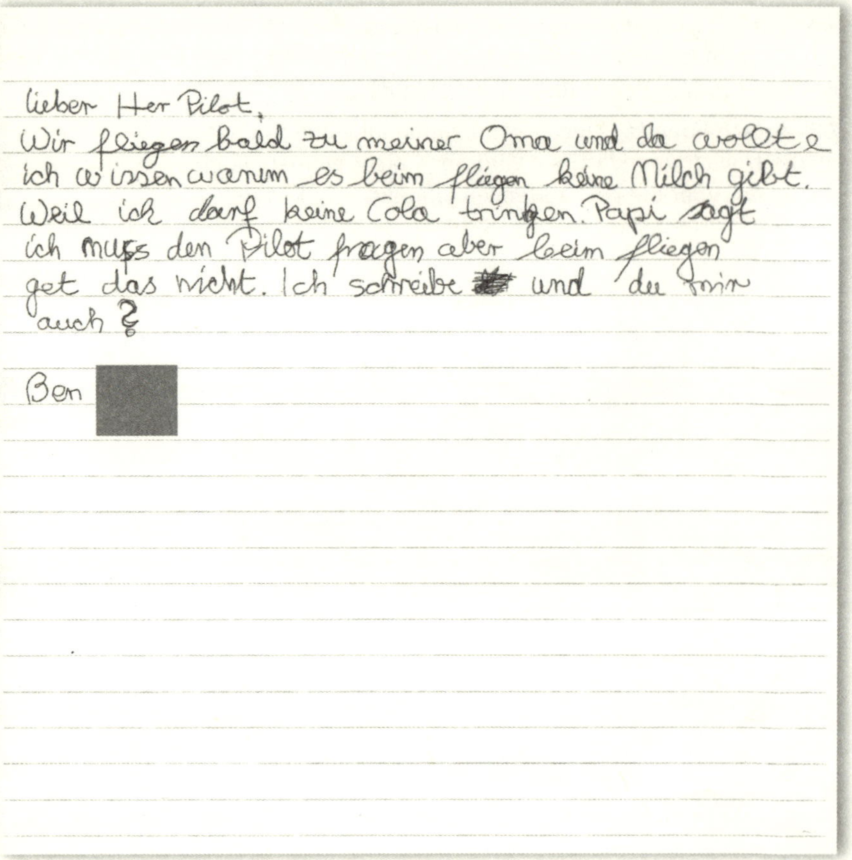
lieber Her Pilot,
Wir fliegen bald zu meiner Oma und da wollte
ich wissen warum es beim fliegen keine Milch gibt.
Weil ich darf keine Cola trinken. Papi sagt
ich muss den Pilot fragen aber beim fliegen
get das nicht. Ich schreibe und du mir
auch?

Ben [redacted]

„Lieber Herr Pilot. Wir fliegen bald zu meiner Oma und da wollte ich wissen warum es beim fliegen keine Milch gibt. Weil ich darf keine Cola trinken. Papi sagt ich muss den Pilot fragen aber beim fliegen geht das nicht. Ich schreibe und du mir auch? Ben“

airberlin

AIR BERLIN PLC & CO. Luftverkehrs KG · Saatwinkler Damm 42-43 · 13627 Berlin

Herrn
Ben [redacted]

Air Berlin PLC & Co.
Luftverkehrs KG
Saatwinkler Damm 42 - 43
13627 Berlin
Telefon Zentrale / phone main office: + 49 30 3434-0
E-Mail: airberlin@airberlin.com

airberlin.com

Ihr Zeichen/ your ref.	Ihr Schreiben vom/ your letter of	Unser Zeichen/ our ref.	Tel.-Durchwahl/ phone	Fax-Durchwahl/ fax	Datum/ date

Lieber Ben,

vielen Dank für Deinen Brief.

Das mit der Milch an Bord ist so eine Sache für sich. Da der Pilot natürlich möchte, dass kein Gast an Bord friert, wird im Flieger für eine angenehm warme Temperatur gesorgt. Aufgrund der Temperaturen muss natürlich aufgepasst werden, dass Essen und Trinken im Flugzeug nicht schlecht werden (ein Kühlschrank passt ja leider nicht in den Flieger).

Gerade Milch ist natürlich sehr empfindlich und wird ungekühlt sehr schnell schlecht. Da wir nicht möchten, das Du und auch andere Gäste/ Kinder an Bord dann mit Bauchschmerzen von Bord gehen, verzichten wir dann lieber darauf, sie im Flieger anzubieten.

Gerne kannst Du aber die nette Flugbegleiterin/ den netten Flugbegleiter an Bord fragen, ob sie/er Dir einen Apfel- oder Orangensaft gibt. Schmeckt doch auch ganz lecker und ist natürlich auf jeden Fall gesünder als Cola.

Wir wünschen Dir einen tollen Flug und viel Spaß bei Deiner Oma und hoffen Du genießt Deinen airberlin Flug!

Viele Grüße

[redacted]

Mitglied der- Member of IATA

Sitz der Gesellschaft / Corporate Headquarters Berlin
Handelsregistereintragung / Registration
AG Charlottenburg HRA: 23373
USt-ID-Nr. / Vat Nr. DE 136662780

Persönlich haftende Gesellschafterin (PHG) / Managing Partner
AIR BERLIN PLC
Eingetragen / Registered in England No. 564 38 14
Eingetragener Firmensitz / Registered Office:
The Hour House, 32 High Street, Rickmansworth, Herts WD3 1ER
Berlin Zweigniederlassung / Berlin branch
Handelsregistereintragung / Registration
AG Charlottenburg HRA: 100000 B

Executive Board der PHG / Executive Board of Directors of the Managing Partner
Joachim Hunold, CEO
Ulf Hüttmeyer, CFO
Jean Christoph Debus, CCO
Chairman of the Board
Johannes Zurnieden

Commerzbank AG Berlin
BLZ 100 400 00
Konto 217 770 700
BIC COBADEFFXXX
IBAN DE18 1004 0000 0217 7707 00

Deutsche Postbank AG Berlin
BLZ 100 100 10
Konto 11000109
BIC PBNKDEFFXXX
IBAN DE62 1001 0010 0011 0001 09

Kommentar

Das ist eine gute Antwort von Airberlin, die sich mit der Frage, warum es an Bord der Flugzeuge für Kinder keine Milch gibt, ausführlich, klar und mit dem freundlichen Hinweis auf Alternativen auseinandersetzt.

Hotel Adlon Kempinski

☺

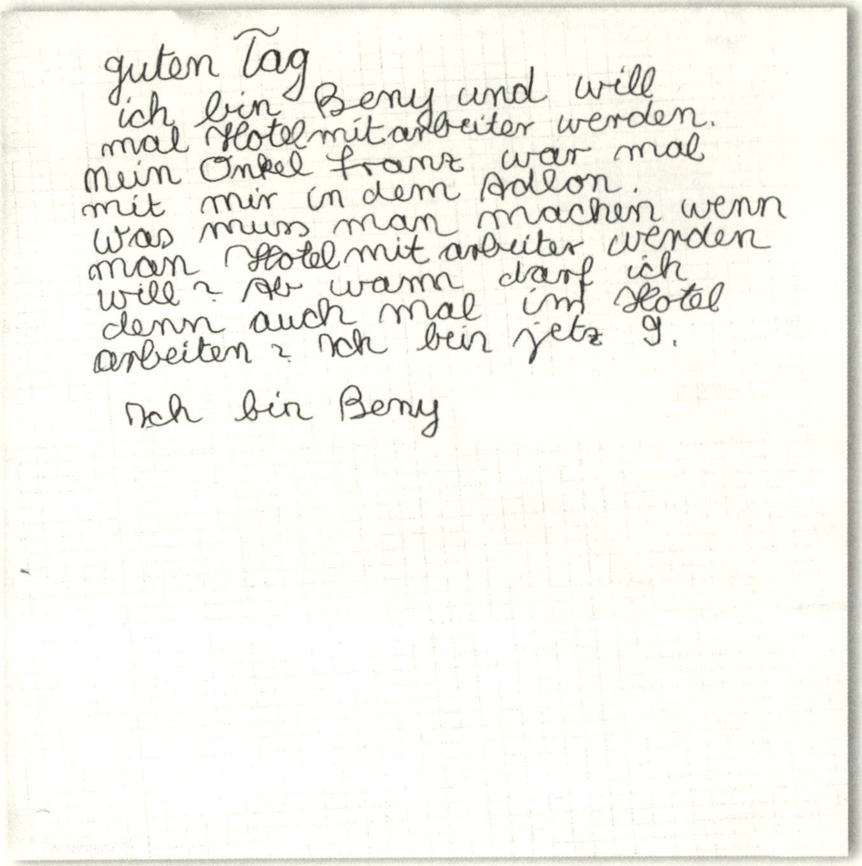
guten Tag
ich bin Beny und will
mal Hotelmitarbeiter werden.
Mein Onkel franz war mal
mit mir in dem Adlon.
Was muss man machen wenn
man Hotelmitarbeiter werden
will? Ab wann darf ich
denn auch mal im Hotel
arbeiten? Ich bin jetz 9.

Ich bin Beny

Hotel Adlon
Kempinski

BERLIN

Herrn
Beny [redacted]

Durchwahl: [redacted]
Email: [redacted]

4. April 2011

Lieber Beny,

vielen, lieben Dank für deinen Brief. Wir haben uns sehr gefreut, dass dir der Besuch mit deinem Onkel Franz im Hotel Adlon Kempinski Berlin so gut gefallen hat, dass du gerne später einmal einen Beruf in der Hotellerie wählen möchtest. Wie deine Eltern dir sicher schon erzählt haben, bist du leider noch nicht alt genug um arbeiten zu dürfen.

Trotzdem würden wir dich sehr gerne zu uns ins Hotel einladen um uns und unser Hotel bei einer Apfelschorle oder einer heißen Schokolade ein bisschen besser kennen zu lernen. Wenn du uns gerne besuchen möchtest, ruf mich doch einfach unter der [redacted] und dann vereinbaren wir einen Termin.

Wir würden uns sehr freuen von dir zu hören und dich hier bei uns begrüßen zu dürfen.

Mit freundlichen Grüßen aus dem Hotel Adlon Kempinski

[redacted]

Personalsachbearbeiterin

Unter den Linden 77
10117 Berlin Germany
T +49 30 2261 0
F +49 30 2261 2222

www.kempinski.com
reservation.adlon@kempinski.com

The Leading Hotels of the World

Hotel Adlon GmbH
Amtsgericht Charlottenburg HRB 85703
Geschäftsführer: Oliver Eller, Reto Wittwer

Steuernr. 37/487/20590, Ust.-Id.-Nr. DE 136 750 600
Bankverbindung: Commerzbank AG, BLZ 100 800 00, Kontonr. 9405 501 00

Kempinski
HOTELIERS SINCE 1897

Kommentar

Die Antwort des Adlon erfüllt alle drei Kriterien: verständlich, freundlich und hilfreich.

Deutsche Bahn

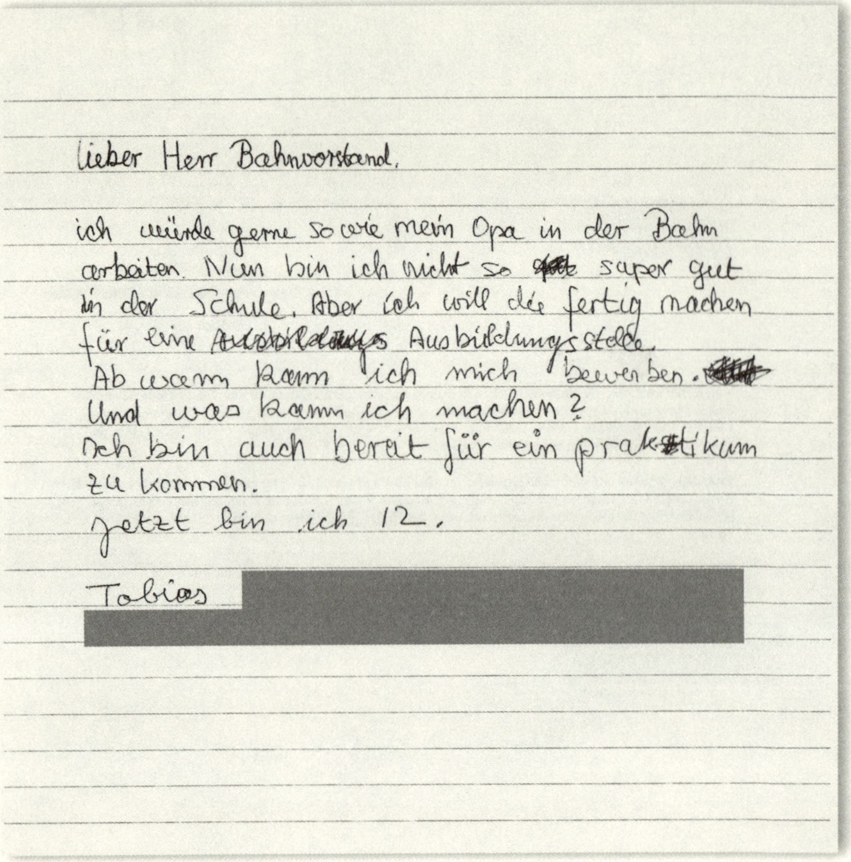
Lieber Herr Bahnvorstand,

ich würde gerne so wie mein Opa in der Bahn arbeiten. Nun bin ich nicht so super gut in der Schule. Aber ich will die fertig machen für eine Ausbildungsstelle.
Ab wann kann ich mich bewerben.
Und was kann ich machen?
Ich bin auch bereit für ein praktikum zu kommen.
Jetzt bin ich 12.

Tobias [redacted]

„Lieber Herr Bahnvorstand,

ich würde gerne so wie mein Opa in der Bahn arbeiten. Nun bin ich nicht so super gut in der Schule. Aber ich will die fertig machen für eine Ausbildungsstelle. Ab wann kann ich mich bewerben. Und was kann ich machen? Ich bin auch bereit für ein praktikum zu kommen. Jetzt bin ich 12. Tobias"

DB Mobility Networks Logistics

Dr. Rüdiger Grube
Vorsitzender des Vorstands

Tobias [redacted]

29. November 2010

Lieber Tobias,

vielen Dank für Dein Schreiben und Interesse für die Deutsche Bahn. Es freut mich sehr, wenn junge Menschen wie Du so viel Engagement und Motivation zeigen, bei der Deutschen Bahn AG arbeiten zu wollen. Ich schätze es sehr, dass Du mit Deinen 12 Jahren bereits schon jetzt nach einem Praktikumsplatz fragst.

Gern möchte ich Dir einen Platz im Rahmen deines Schülerpraktikums, welches voraussichtlich in der 9. oder 10. Klasse stattfindet, anbieten. Dazu bewirbst du dich dann mindestens 3 Monate vor Praktikumsbeginn bei folgender Adresse:

DB Mobility Logistics AG
Service Center Personal
Ausbildungsservice Ost
Caroline-Michaelis-Straße 5 - 11
10115 Berlin

Für Rückfragen steht Dir ansonsten das Azubimarketing unter der Rufnummer 030 297-58325 zur Verfügung.

Nach Abschluss Deiner Schule kannst Du Dich natürlich auch gern bei der Deutschen Bahn AG bewerben. Informationen zu unseren Ausbildungsplätzen erhältst Du dann im Internet unter www.deutschebahn.com/schueler.

Ich wünsche Dir für die Zeit alles Gute und Durchhaltevermögen in der Schule.

Mit freundlichen Grüßen

Deutsche Bahn AG
Potsdamer Platz 2
10785 Berlin

Tel: 030 [redacted]
Fax: 030 [redacted]

Kommentar

Bahnchef Rüdiger Grube unterschreibt selbst, obwohl die Zahl der Kinder, die Lokomotivführer werden möchten, nicht so klein sein dürfte. Die angebotenen Adressen sind hilfreich.

Sieben Mal solide

Die Autostadt in Wolfsburg, Bayer HealthCare in Berlin, GAZPROM Germania, Peek & Cloppenburg, Douglas, Gravis und TOTAL Deutschland haben die Kinderbriefe erfreulicherweise beantwortet. Sie haben es so gemacht, dass wir ihre Antworten nicht richtig loben können, aber auch nichts daran auszusetzen haben. Wir bewerten die Briefe an Ben, Jenny, Alice und die anderen Kinder als ansprechende Leistungen.

GAZPROM

Guten Tag,

ich bin 14 und interessiere mich für ein Praktikum. Ich möchte gerne direkt beim Chef arbeiten weil ich auch russich lernen möchte. Ich interessiere mich für alles was mit Umwet zu tun hat und kenne mich etwas aus mit Autos und stromsparen.

Ich mache meine Schule im ~~[illegible]~~ 2012 fertig und kann dann auch eine Ausbildun machen.

Ich schreibe mit Brief weil wir haben kein Internet und meine Mutter sagt das ist besser und kommt an.

Ben [redacted]

GAZPROM
GERMANIA

Herrn
Ben [redacted]

Phone +49 30 [redacted]
Fax +49 30 [redacted]
gazprom-germania.de

10. November 2010

Bewerbung für ein Praktikum

Hallo Ben,

danke sehr für deinen Brief. Wir freuen uns, dass du Interesse an Umwelt und Energie hast, da sind wir der richtige Ansprechpartner. Für ein Praktikum bei uns ist es in deinem Fall aber noch zu früh, da wir Praktika nur Studenten anbieten. Das heißt du musst noch ein bisschen warten und zunächst deine Schule gut zu Ende bringen. Dann kannst du dich noch mal bei uns bewerben, wir würden uns freuen.

Ich wünsche dir alles Gute.

Viele Grüße

GAZPROM Germania GmbH

[redacted]

Personalreferentin Aus- und Weiterbildung

GAZPROM Germania GmbH
Markgrafenstraße 23 · 10117 Berlin
Phone +49 30 20195-0 · Fax -313
info@gazprom-germania.de
www.gazprom-germania.de

Amtsgericht
Berlin-Charlottenburg
HRB 36 569
USt-IdNr.:
DE 137188798

Vorsitzender des Aufsichtsrates:
Alexander Medvedev
Hauptgeschäftsführer:
Vladimir Kotenev
Geschäftsführer: Andrey Biryulin

Deutsche Bank AG
BLZ 100 700 00
Konto-Nr. 0840520 00
IBAN: DE97 1007 0000 0084 0520 00
SWIFT/BIC: DEUTDEBB

Gravis GmbH

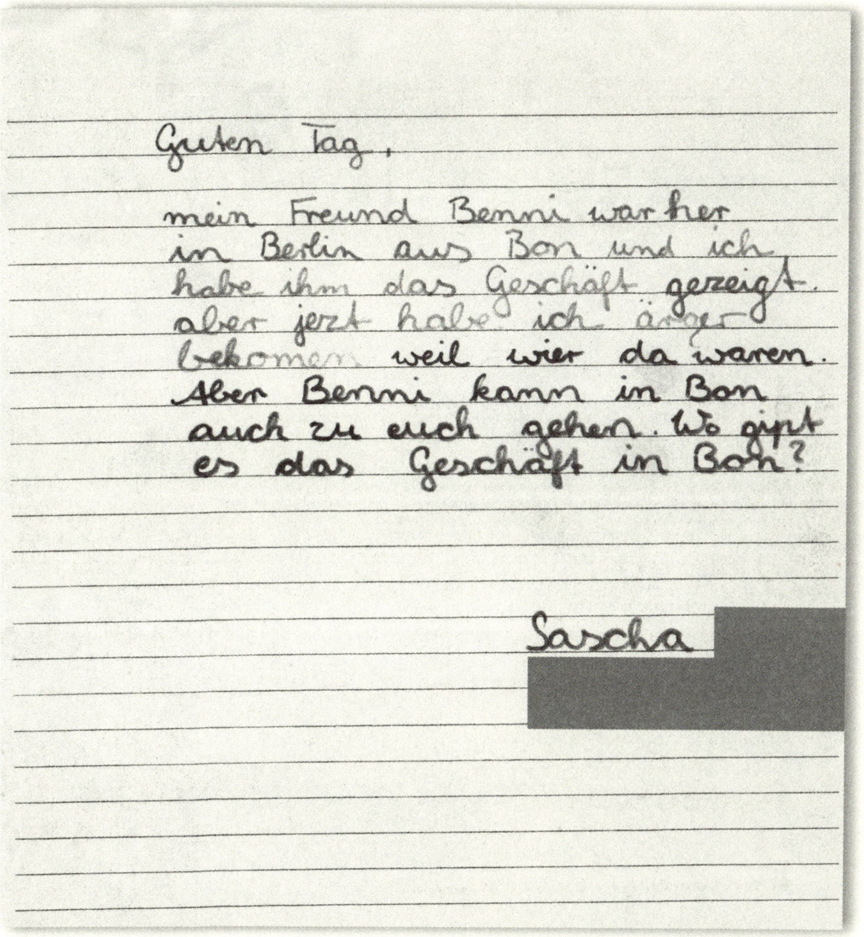

Guten Tag,

mein Freund Benni war her
in Berlin aus Bon und ich
habe ihm das Geschäft gezeigt.
aber jezt habe ich ärger
bekomen weil wier da waren.
Aber Benni kann in Bon
auch zu euch gehen. Wo gipt
es das Geschäft in Bon?

Sascha [redacted]

„Guten Tag, mein Freund Benni war her in Berlin aus Bon und ich habe ihm das Geschäft gezeigt. aber jetzt habe ich ärger bekomen weil wier da waren. Aber Benni kann in Bon auch zu euch gehen. Wo gipt es das Geschäft in Bon? Sascha“

Digitale Ideen erleben.

GRAVIS GmbH, Ernst-Reuter-Platz 8, 10587 Berlin

Sascha [redacted]

GRAVIS

Berlin, 22.11.2010

Lieber Sascha,

vielen Dank für Deinen Brief. Wir freuen uns, dass Dir und Deinem Freund Benni unser Geschäft gefallen hat. Benni kann mit seinen Eltern natürlich auch in Bonn eines unserer Geschäfte besuchen. Die Adresse lautet: Bertha-von-Suttner-Platz 1 – 7, 53111 Bonn.

Alle Adressen und Öffnungszeiten unserer Filialen kannst Du auch einfach im Internet unter www.gravis.de finden oder Du schaust in eines unserer Prospekte. Wir freuen uns wenn Du uns wieder besuchst. Komme einfach zusammen mit Deinen Eltern, damit Du nicht wieder Ärger bekommst.

Viele Grüße

GRAVIS Computervertriebsges. mbH

[redacted]

-Allgemeine Verwaltung-

GRAVIS
Computervertriebs-
gesellschaft mbH
Ernst-Reuter-Platz 8
10587 Berlin
T +49 30.[redacted]
F +49 30.[redacted]
info@gravis.de
www.gravis.de

Geschäftsführer:
Archibald Horlitz,
Jörg Mugke,
Norbert Mohlberg
Amtsgericht
Berlin-Charlottenburg
HRB39948
Sitz der Gesellschaft:
Berlin
Steuernummer:
27/448/3057

Douglas

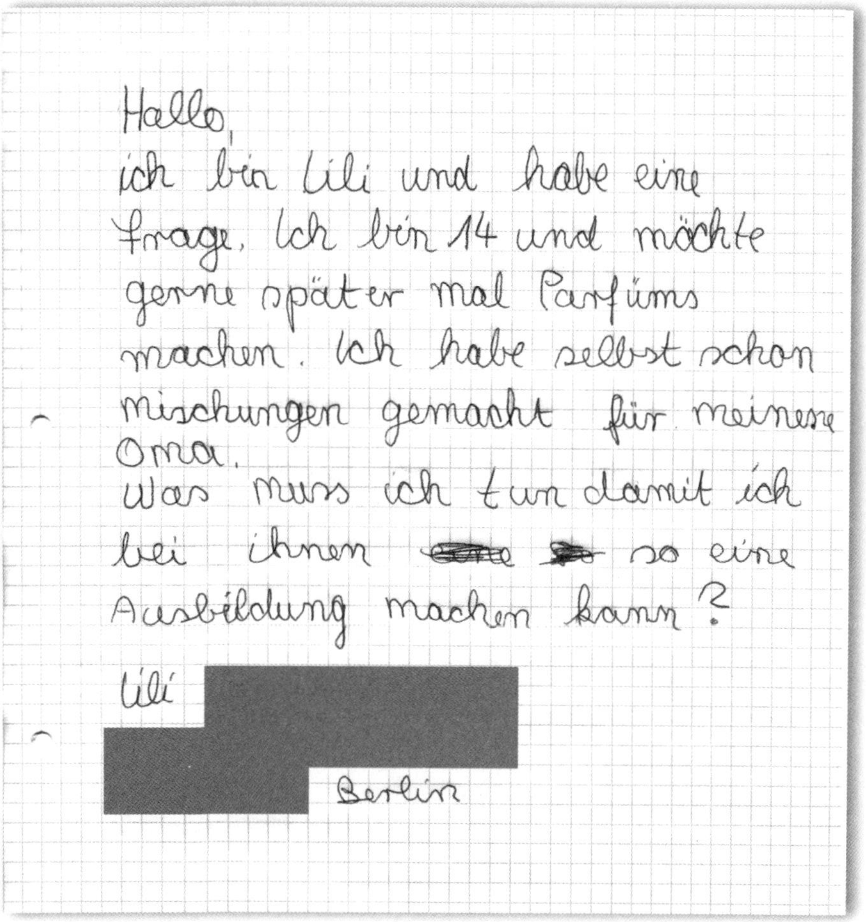
Hallo,
ich bin Lili und habe eine frage. Ich bin 14 und möchte gerne später mal Parfüms machen. Ich habe selbst schon mischungen gemacht für meinene Oma.
Was muss ich tun damit ich bei ihnen ~~[illegible]~~ ~~[illegible]~~ so eine Ausbildung machen kann?

Lili [redacted]
[redacted] Berlin

Douglas
DEUTSCHLAND

PARFÜMERIE DOUGLAS DEUTSCHLAND GMBH
TAUENTZIENSTRASSE 16 • 10789 BERLIN

VERTRIEBSBÜRO OST
TELEFON: (030) [redacted]
TELEFAX: (030) [redacted]

Lili [redacted]

Berlin, den 06.06.12

ANFRAGE

Liebe Lili [redacted]

wir haben Deinen Brief und Deine Anfrage erhalten.
Wir freuen uns sehr, dass Du an einer Ausbildung in unserem Unternehmen interessiert bist.
Unsere Auswahlverfahren beginnen immer im September des Vorjahres. Solltest Du zum Ende Deiner Schulausbildung immer noch Interesse an einer Ausbildung haben, sende bitte Deine vollständigen Bewerbungsunterlagen an folgende Anschrift:

Douglas Vertriebsbüro Ost
Tauentzienstrasse 16
10789 Berlin

Die Bewerbungsunterlagen sollten ein Anschreiben, Foto, Lebenslauf die letzten aktuellen Zeugnisse beinhalten.
Einen aktuellen Ausbildungsflyer senden wir Dir mit.
Solltest Du noch weitere Fragen haben, rufe einfach an.

Für Dich und Deine Schulausbildung wünschen wir Dir alles Gute.

Mit freundlichen Grüßen

[redacted]

-SEKRETARIAT-

PARFÜMERIE DOUGLAS DEUTSCHLAND GMBH TAUENTZIENSTRASSE 16 10789 BERLIN TELEFON (030) 88 48 74 0 TELEFAX (030) 88 48 74 30
SITZ DER GESELLSCHAFT HAGEN AMTSGERICHT HAGEN HRB 2041 FINANZAMT HAGEN STEUERNUMMER: 321/5800/0494
GESCHÄFTSFÜHRER: MANFRED KRONEDER, HINRICH TODE, DIETER VENNEWALD, JOCHEN HALFMANN,
ERNST BRANDLIN, ANTON HÖRL, KLAUS-DIETHER HÜBENTHAL
BANKVERBINDUNGEN: DEUTSCHE BANK AG, HAGEN, BLZ 450 700 02, KONTO: 7 154 123 COMMERZBANK AG, HAGEN BLZ 450 400 42, KONTO 3 590 700

Bayer HealthCare

Guten Tag,

ich bin 15 und hätte gerne Probepackung
von der Pille. Ich kann nicht zum
Arzt, weil meine Eltern dürfen das nicht
wissen ~~und~~ und mein Taschengeld
ist ~~not~~ nicht genügend.
Wen Sie mir keine Probenpackungen
geben komten woher bekommen ich?

Jenny [redacted]
bitte zu meine Groseltern
[redacted]

Bayer HealthCare
Bayer Vital

BAYER

Frau
Jenny [redacted]

Pillenprobepackung – Ihre Anfrage

Liebe Frau [redacted]

vielen Dank für Ihren Brief.

Da wir Ihnen als Hersteller keine Probepackungen schicken dürfen und eine Pille auch nicht ohne ein vorheriges Arztgespräch verordnet werden darf, empfehlen wir Ihnen, sich an eine Frauenärztin oder einen Frauenarzt zu wenden.

Dies ist auch möglich, ohne dass Ihre Eltern darüber informiert werden. Solange Sie noch unter 20 J. alt sind, brauchen Sie die Pille auch nicht selbst zu bezahlen, die Krankenkasse übernimmt die Kosten.

Wenn Sie keine Arztpraxis kennen, die Ihnen weiterhelfen kann oder andere Schwierigkeiten auftreten, empfehlen wir Ihnen, sich an die Berliner Profamila-Beratungsstelle für selbstbestimmte Sexualität in Schöneberg

Kalckreuthstr. 4, 10777 Berlin, Tel. 030-3984-9898

Sprechzeiten ohne Anmeldung Mo, Di, Do 15:00 -18:00 Uhr

zu wenden.

Dort können Sie zu den angegebenen Zeiten ohne Terminabsprache vorbeikommen und sich kostenlos beraten lassen. Es ist dort auch möglich, sich Verhütungsmittel wie die Pille verschreiben zu lassen.

Wir hoffen, Ihnen behilflich zu sein.

Mit freundlichen Grüßen

Bayer Vital GmbH

[redacted]

09.11.2010

DEU197498

Bayer Vital GmbH
Bayer Schering Pharma
Gebäude K 56
51368 Leverkusen
Deutschland

[redacted]

Tel. 0214-[redacted]
Fax 0214-[redacted]

www.bayervital.de

Geschäftsführer:
Liam Condon

Vorsitzender des Aufsichtsrats:
Dr. Ulrich Köstlin

Sitz der Gesellschaft:
Leverkusen
Amtsgericht Köln
HRB 49226

Autostadt GmbH

Guten Tag,

meine Mami hat gesagt ich darf schreiben. Wir waren nämlich bei euch und mein Bruder durfte schlittschuhe fahren. Ich wolete gerne mit mein Fusball spielen und ich durf nicht und Mama hat gesagt das ist verboten zu spielen. Und jetzt will ich euch sagen das mann auch Spiele für Kinder machen muss mit Bällen. Auch wen Mami sagt wir komen nicht bald wieder weil Op ja sein Auto jetzt hat. Aber trotzdem finde ich das für andere Kinder schön.

Auf wiedersehen
Ben

AUTOSTADT

Autostadt GmbH StadtBrücke 38440 Wolfsburg

Ben [redacted]

Abteilung	GästeService	Ihr Zeichen	
Telefon	+49 (0) 5361 [redacted]	Ihre Nachricht vom	
Telefax	+49 (0) 5361 [redacted]	Unser Zeichen	[redacted]
E-Mail	gaesteservice@autostadt.de	Datum	07.02.2011

Herzlichen Dank für dein Schreiben

Lieber Ben,

dich als Gast in der Autostadt zu begrüßen, hat uns sehr gefreut. Vielen Dank, dass du dir die Zeit nahmst, uns über deine Eindrücke zu informieren.

Deine Meinung ist uns sehr wichtig. Die Anregung, Ballspiele für Kinder in unserem Themenpark anzubieten, leiteten wir an die verantwortliche Abteilung in unserem Hause weiter. Schön, dass du dennoch angenehme Eindrücke mit nach Hause genommen hast.

Gerne heißen wir dich und deine Familie jederzeit wieder bei uns in Wolfsburg willkommen. Es gibt immer etwas Neues und Aufregendes zu erleben. Lass dich überraschen!

Mit freundlichen Grüßen

[redacted]
Sachbearbeitung

[redacted]
Gästebetreuung

Seite 1 von 1

Autostadt GmbH · StadtBrücke · 38440 Wolfsburg · www.autostadt.de · service@autostadt.de · 0800 288 678 238
Aufsichtsrat: Hans Dieter Pötsch, Bernd Osterloh, Christian Klingler · Stnr.: 2319/200/00019 · HRB 100419
Geschäftsführer: Otto F. Wachs (Sprecher), Mario Schubert · Sitz der Gesellschaft: Wolfsburg · Amtsgericht Braunschweig

TOTAL

Guten Tag,

Immer wen wier bei euch tanken
darf ich nicht austeigen.
Mami sagt das ist zu gefährlich.
was ist zu gefährlich? Meine
schwester Lore hat gesagt ich kan
schreiben und sie schickt es ab zu
dier. Ich bin 7 Jare alt.

Carolin [redacted]

Ich habe meine Schwester ermutigt Ihnen
zu schreiben. Auf Ihre Antwort freuen wir
uns.

Mit freundlichen Grüßen

[redacted]

TOTAL

TOTAL Deutschland GmbH

TOTAL Deutschland GmbH · Postfach 103 · 10103 Berlin

Carolin [redacted]

Berlin, 23.11.2010

Liebe Carolin,

wenn Kinder an der Tankstelle austeigen, kann es passieren, dass ein anderer Autofahrer der auch tanken möchte, das Kind übersieht. Die LKWs zum Beispiel sind ja ganz hoch gebaut und wenn da auf einmal ein Kind hinter einer Zapfsäule hervorkommt, kann das ganz schön gefährlich werden.
Also lieber schön im Auto sitzen bleiben und von drinnen zuschauen.

Liebe Grüße,

[redacted]

Unternehmenskommunikation
TOTAL Deutschland GmbH
10117 Berlin

Schützenstraße 25 · 10117 Berlin
Telefon: (030) [redacted] **· Telefax: (030)** [redacted]
http://www.total.de

Vorsitzender des Aufsichtsrates: Eric de Menten de Horne · Geschäftsführer: Hans-Christian Gützkow
Sitz der Gesellschaft: Berlin, HRB Nr. 57494 · Registergericht: Amtsgericht Berlin-Charlottenburg
Bankverbindung: HypoVereinsbank Berlin AG · Konto-Nr. 5 220 105 050 · BLZ 100 208 90
IBAN: DE95 1002 0890 5220 1050 50 · BIC: HYVEDEMM488
UST-ID-Nr.: DE 137 185 849

EN ISO 9001:2000 DNV Certified Company

01/005/0910

Peek & Cloppenburg

Hallo,

ich bin Alice und bin 10 Jahe und
werde später mal verkaufen lernen.
Ich kann das jetzt schon wenn ich
meiner Mami helfe. Die arbeitet bei
einem Fotoladen und darf auch
mal mitgehen. Aber Omi sagt
ich darf schreiben weil ich geh mit
Omi immer zu P und C und ich
krieg da auch immer Pullis von Omi
Was ich aber gemerkt hab da sind garkeine
Kinderpuppen im Schaufenster und
das finde ich doof weil dann wissen
ja Kinder nicht das sie da auch
Pullis kriegen. Kann ich mal wissen
warum das so ist?

Alice [redacted]

Peek & Cloppenburg

Haus Berlin II

Peek & Cloppenburg KG · Tauentzienstraße 19 · D-10789 Berlin

Peek & Cloppenburg KG
Tauentzienstraße 19
10789 Berlin

Telefon +49 (0) 30 [redacted]
Telefax +49 (0) 30-[redacted]

www.peek-cloppenburg.de

Alice [redacted]

29. November 2010

Kinderkollektionen im Schaufenster

Hallo Alice,

vielen Dank für Dein Anschreiben und die damit verbundene Frage nach unserer Schaufensterdekoration. Tatsächlich haben wir zu Beginn der Saison die Kinderkollektionen in unserem Schaufenster dekoriert. Natürlich ändern wir aber die Dekoration sehr häufig, weil wir immer wieder neue Artikel präsentieren möchten.

Wir finden es schön, dass Ihr an unserem Unternehmen interessiert seid und zu unseren Stammkunden gehört. An den nächsten drei Samstagen haben wir von 13:00 bis 17:00 Uhr in unserer Kinderabteilung tolle Aktionen organisiert.

Vielleicht möchtest Du ja dabei sein: Wir würden uns freuen, Dich und Deine Familie in unserem Haus zu begrüßen.

Liebe Grüße

PEEK & CLOPPENBURG KG
Haus Berlin Tauentzienstraße

[redacted]

Peek & Cloppenburg KG
Berliner Allee 2
D-40212 Düsseldorf
www.peek-cloppenburg.de

Sitz der Gesellschaft
Düsseldorf
Amtsgericht Düsseldorf
(HRA 6862)

USt-Ident. Nr.
DE 121 287 018

Bankverbindung

Dresdner Bank Düsseldorf
Kto 472 436 700
BLZ 300 800 00
IBAN DE63 3008 0000 0472 4367 00
SWIFT-BIC DRESDEFF300

Deutsche Bank Düsseldorf
Kto 357 500 800
BLZ 300 700 10
IBAN DE02 3007 0010 0357 5008 00
SWIFT-BIC DEUTDEDDXXX

Coca Cola

Unangenehm fällt in der Reihe der „Großen" Coca Cola auf.

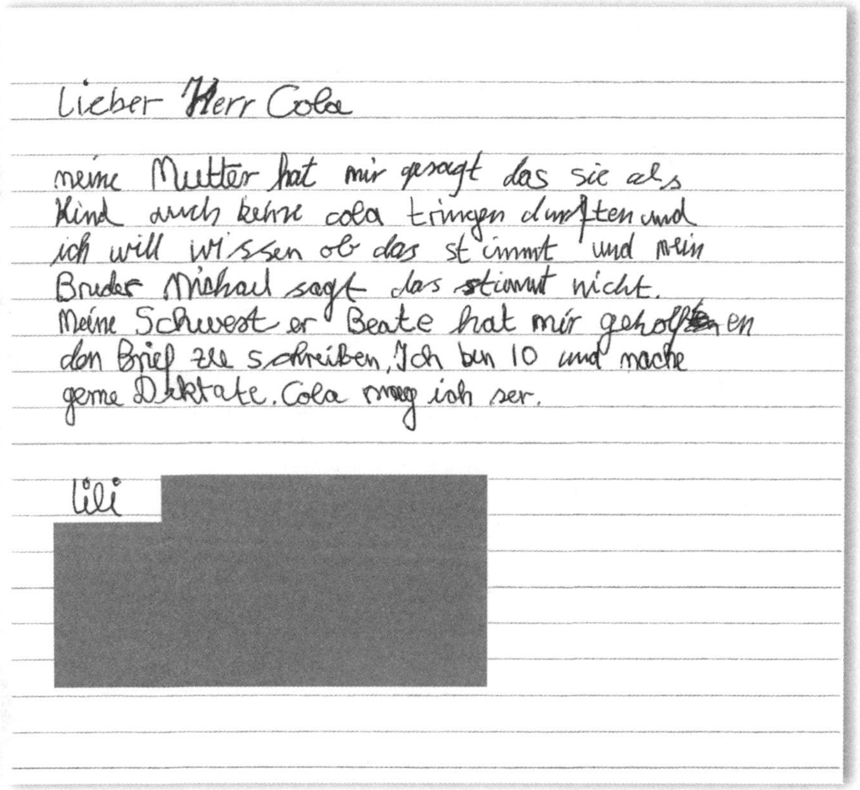

Lieber Herr Cola

meine Mutter hat mir gesagt das sie als
Kind auch keine cola tringen durften und
ich will wissen ob das stimmt und mein
Bruder Michael sagt das stimmt nicht.
Meine Schwester Beate hat mir geholfen
den Brief zu schreiben, Ich bin 10 und mache
gerne Diktate. Cola mag ich ser.

Lili [redacted]

„Lieber Herr Cola meine Mutter hat mir gesagt das sie als Kind auch keine cola tringen durften und ich will wissen ob das stimmt und mein Bruder Michael sagt das stimmt nicht. Meine Schwester Beate hat mir geholfen den Brief zu schreiben. Ich bin 10 und mache gerne Diktate. Cola mag ich ser. Lili"

Coca-Cola® Deutschland

Lili [redacted]

10. November 2010

Guten Tag Lili,

vielen Dank für Dein Schreiben vom November 2010 und für Dein Interesse an unseren Produkten.

Cola-Getränke enthalten Koffein und haben deshalb eine belebende Eigenschaft und richten sich nicht an Kinder. Auch unser Produkt Coca-Cola ist koffeinhaltig und richtet sich nicht speziell an Kinder. Bitte habe Verständnis, dass wir Dir keine pauschale Altersempfehlung geben können.

Übrigens: Coca-Cola bietet in Deutschland über 70 Produkte aus nahezu allen Segmenten alkoholfreier Getränke an. Mit diesem breiten Angebot ermöglicht Coca-Cola es allen Verbrauchern, sich ihrem Lebensstil entsprechend ausgewogen zu ernähren.

Mit erfrischenden Grüßen
Ihr Serviceline Team Coca-Cola Deutschland

Coca-Cola GmbH, Friedrichstrasse 68, 10117 Berlin, Tel: +49 30 [redacted], Fax: +49 30 [redacted], www.coca-cola-gmbh.de
Geschäftsführer: Hendrik Steckhan Sitz der Gesellschaft: Berlin - Amtsgericht Berlin-Charlottenburg, HRB Nr. 88247
Bank of America - (BLZ 500 109 00) Konto Nr.: 176 200 12 - ILN 40 081081 00000 8 BIC BOFADEFX - IBAN DE05 50010900 00 17620012

Kommentar

Das „Serviceline Team“ antwortet „mit erfrischenden Grüßen“, hat aber nur ein paar abgestandene Zeilen zu bieten, aufgepeppt mit Werbesprüchen.

Wir lernen, was eine belebende Eigenschaft hat, richtet sich nicht an Kinder. Die Liste des Anregenden und Belebenden, die man im Internet finden kann wie Petersilie, Pfirsiche oder die Farbe Orange, ist endlos lang. Pech für Kinder, dass alles nichts für sie ist. Über die eigentliche Frage wird in dem Schreiben irreführend hinweggetäuscht. Stattdessen wird Lili ein Werbetext vorgesetzt.

3. Medien – Der Wetterfrosch weiß, wie Wolken schmecken

Die negative Spitzenleistung im Bereich Medien hat SAT.1 abgeliefert, wie im Kapitel III unter „besonders schlechte Antworten“ zu lesen ist. Die anderen haben sich zumindest ein bisschen angestrengt. Richtig ins Zeug gelegt hat sich RTL-Chefredakteur und Chefmoderator Peter Kloeppel ebenso wie ZDF-Wetterfrosch Gunther Tiersch. Auch der talkende und kochende Markus Lanz nimmt sich Zeit für eine persönliche Antwort.

Peter Klöppel, RTL

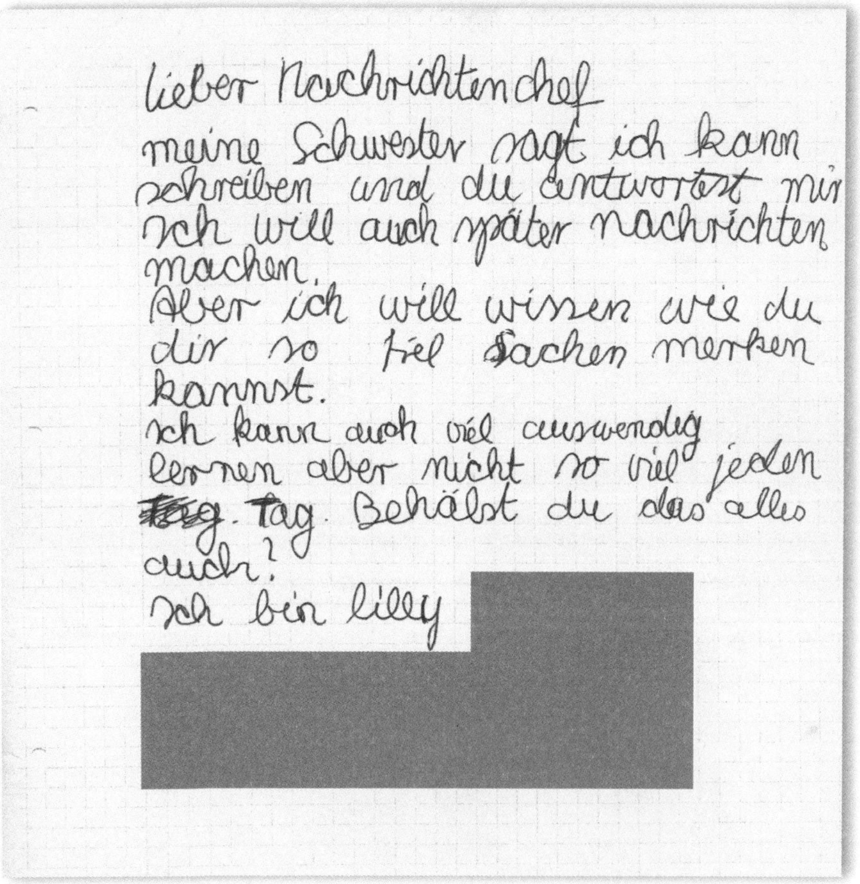
lieber Nachrichtenchef
meine Schwester sagt ich kann
schreiben und du antwortest mir
ich will auch später nachrichten
machen.
Aber ich will wissen wie du
dir so fiel Sachen merken
kannst.
ich kann auch viel auswendig
lernen aber nicht so viel jeden
~~Tag~~. Tag. Behälst du das alles
auch?
ich bin lilly
[redacted]

„Lieber Nachrichtenchef, meine Schwester sagt ich kann schreiben und du antwortest mir. Ich will auch später nachrichten machen. Aber ich will wissen wie du dir so fiel Sachen merken kannst. Ich kann auch viel auswendig lernen aber nicht so viel jeden Tag. Behälst du das alles auch? Ich bin Lilly"

RTL

RTL TELEVISION GmbH . Picassoplatz 1 . 50679 Köln

Lilly [redacted]

Köln, 19. April2011

Liebe Lilly,

danke für Deinen netten und interessierten Brief!

Normalerweise kann ich aus zeitlichen Gründen nicht alle Briefe beantworten, aber bei Dir mache ich heute mal eine Ausnahme ☺.

Als Nachrichtensprecher muss ich zwar viel auswendig lernen, aber es gibt als technisches Hilfsmittel auch noch den sogenannten „Teleprompter". Auf dem Bildschirm kann ich die wichtigsten Texte im Studio sehen und ablesen.

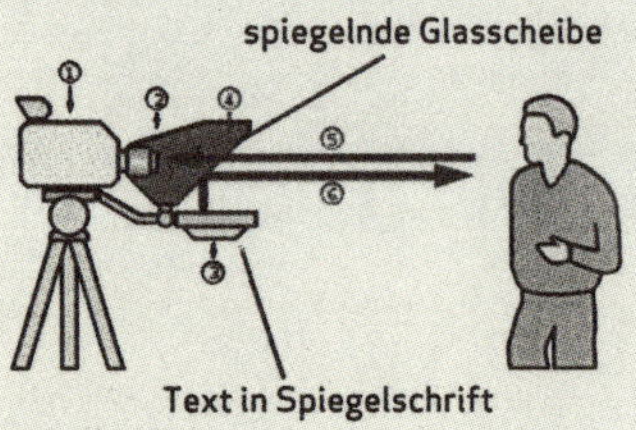

Ich hoffe Dir hiermit Deine Frage beantwortet zu haben und verbleibe mit lieben Grüßen aus Köln,

Dein Peter Kloeppel

Peter Kloeppel

CHEFREDAKTION

RTL Television GmbH
Picassoplatz 1
50679 Köln / Deutschland
Postfach 10 30 03
50470 Köln / Deutschland
Telefon +49 221 [redacted]
Telefax +49 221 [redacted]
E-Mail [redacted]

www.rtl-television.de

Sitz der Gesellschaft:
Köln
Handelsregister:
Köln HRB 29332
USt-Identifikations-Nummer
DE 812 589 230

Geschäftsführerin:
Anke Schäferkordt

Bankverbindung:
Sparkasse KölnBonn
Kto.-Nr. 57012957, BLZ 370 501 98
SWIFT-BIC: COLSDE33
IBAN DE53 3705 0198 0057 0129 57
Commerzbank AG, Köln
Kto.-Nr. 5000856, BLZ 370 400 44
SWIFT-BIC: COBADEFF370
IBAN DE16 3704 0044 0500 0856 00
Deutsche Bank AG, Köln
Kto.-Nr. 129764700, BLZ 370 700 60
SWIFT-BIC: DEUTDEDKXXX
IBAN DE08 3707 0060 0129 7647 00

Ein Unternehmen der
Mediengruppe RTL Deutschland

Kommentar

Peter Klöppel geht unseres Erachtens an die Grenzen dessen, was ein Nachrichtenchef für einen einzelnen Publikumsbrief aufwenden kann. Er gibt Lilly das Gefühl einer Sonderbehandlung und erklärt ihr den Teleprompter. Da werden Lillys Eltern noch ein wenig nacharbeiten müssen, damit die Grafik zu verstehen ist. Insgesamt jedoch strahlt Klöppels Antwort Respekt und Sympathie für Lilly aus und wir finden sie richtig gut.

Dr. Gunther Tiersch, ZDF

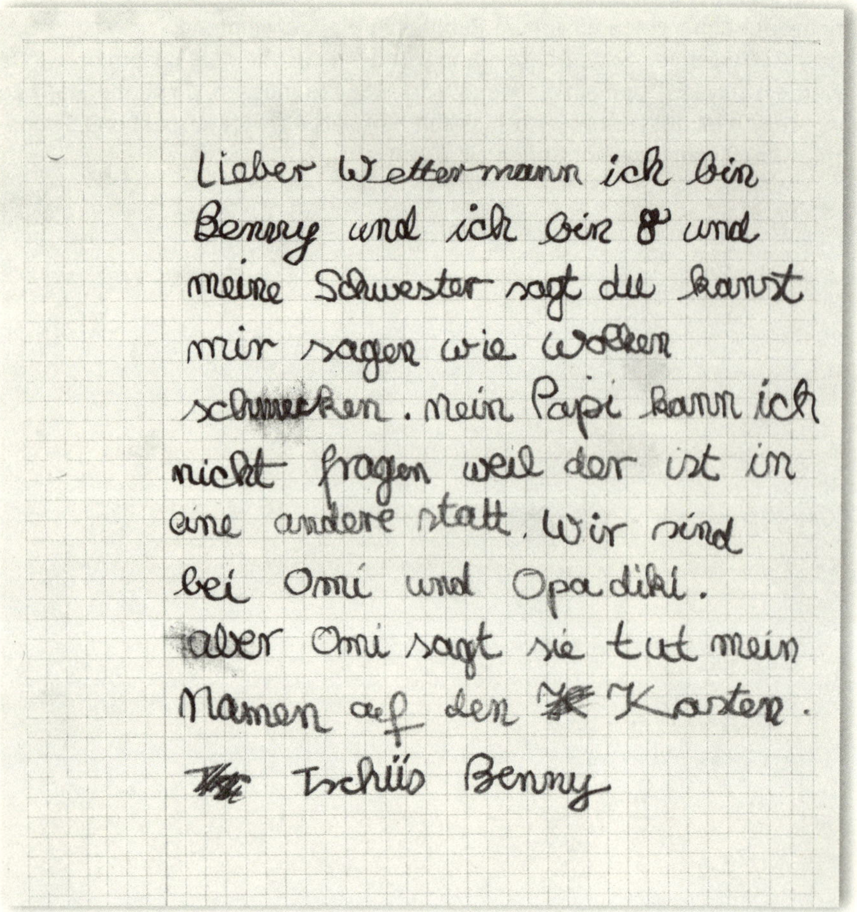

Lieber Wettermann ich bin
Benny und ich bin 8 und
meine Schwester sagt du kanst
mir sagen wie Wolken
schmecken. mein Papi kann ich
nicht fragen weil der ist in
eine andere statt. Wir sind
bei Omi und Opadiki.
aber Omi sagt sie tut mein
Namen auf den Kasten.
Tschüs Benny

„Lieber Wettermann

ich bin Benny und ich bin 8 und meine Schwester sagt du kanst mir sagen wie Wolken schmecken. mein Papi kann ich nicht fragen weil der ist in eine andere statt. Wir sind bei Omi und Opadiki. aber Omi sagt sie tut mein Namen auf den Kasten.

Tschüs Benny“

Zweites Deutsches Fernsehen | 55100 Mainz
Anstalt des öffentlichen Rechts

Dr. Gunther Tiersch
Chefredaktion
HR Aktuelles
Wetter

ZDF · 55100 Mainz

An
Benny [redacted]

Ihr Zeichen und Tag	Unser Zeichen	Telefon Durchwahl	Datum
			28.3.2011

Lieber Benny [redacted]

vielen Dank, dass du mir geschrieben hast und mir Deine Frage gestellt hast.

Für mich ist das Wetter immer interessant und es ist spannend es vorherzusagen. Heute berechnet man in großen, leistungsstarken Computern das Wetter der nächsten Tage.

Diese Modelle unserer Lufthülle (Atmosphäre) werden mit Zahlen gefüttert, die etwas über die Energie von der Sonne aussagen, die schauen, ob die Erdoberfläche feucht oder trocken ist, ob sie dunkel oder hell ist und wie sich dadurch die Luftströmungen und die Temperaturen verändern. (Trockene Erde erwärmt sich stärker als feuchte und eine dunkle Erdoberfläche, wie Wald oder eine Teerstraße, wird auch wärmer als die hellere Umgebung.

Wenn warme Luft aufsteigt, kühlt sie sich ab und dann können Wolken entstehen in etwa 500 bis 1000 Meter Höhe. Wolken bestehen aus winzigen Wassertröpfchen (es ist kein Wasserdampf, denn Wasserdampf ist unsichtbar).
Und Du kennst doch Nebel, ich kenne ihn aus Berlin auch noch sehr gut, denn ich habe dort auch mal gelebt.

Schmeckt Nebel? Ich habe ihn noch nicht geschmeckt und er ist normalerweise auch völlig geschmacklos. Manchmal ist die Luft aber sehr dreckig, da ist dann Rauch drin oder Staub. Diese Dinge können dann schon nach etwas schmecken und danach würden auch die Wolken schmecken. Aber normalerweise sind sie sehr, sehr sauber und schmecken nicht.

So, jetzt hast du eine Antwort und weißt ein bisschen mehr über das Wetter.

Liebe Grüße [redacted]

Gunther Tiersch [redacted]

Telefon | +49(0)[redacted]
Telefax | +49(0)[redacted]
Web | zdf.de

Kommentar

Gunther Tiersch vom ZDF hatte es mit der schwierigen Frage zu tun, wie Wolken schmecken. Er hat sich freundlich, geradezu liebenswert um Erläuterungen bemüht und eine kleine Wetterkunde formuliert.

Markus Lanz, ZDF

Lili schreibt:

Hallo Herr lanz!
mein Bruder Benny hat ~~dein~~ ihr
Fotobuch über viel Schnee und
ich mag Schnee. Bei uns ist wenn
es Schnee gibt der Schnee nicht
so lange weis und er schmeckt
auch nicht. Benny sagt das da
wo ~~da~~ sie immer fotos machen
der Schnee besser schmekt.
Stimmt das?
Schrebst du mir ich bin lili
und mein Bruder hat mir
~~gemalt~~ geholfen.

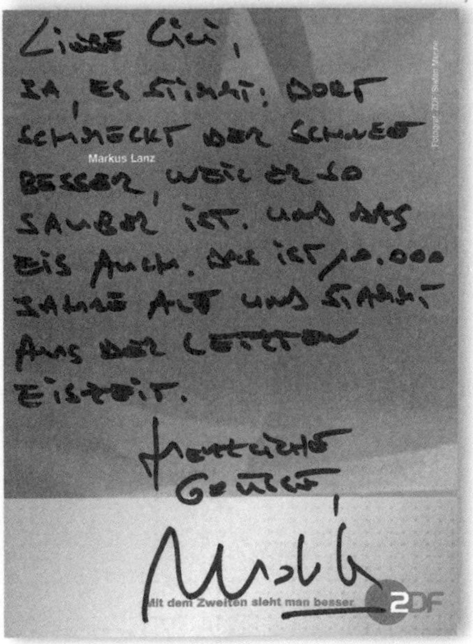

Kommentar

Streit hat es zwischen Benny und Lili nicht gegeben, denn jeder hat eine Autogrammkarte von Markus Lanz bekommen. Die Antwort auf Lilis Frage war für die Kinder etwas schwer zu entziffern – aber er ist auf die Frage eingegangen, hat also gelesen und persönlich geschrieben. Das ist eine erfreulich sympathische Geste und hat Stil. Wetten, dass viele andere Promis dahinter zurückfallen!

Das Sandmännchen, rbb ☺

lieber TV chef
ich schaue mir mit meiner
Schwester immer Sandmännchen an
und sie fragt mich wärum das
Sandmännchen keine Sandfrau
hat. Oma hat gesagt du schreib
lili und mir.
ich bin Beni

UNSER SANDMÄNNCHEN

Liebe Lili, lieber Beni,

heute möchte ich Euch einmal viele, liebe Grüße schicken. Ich freue mich sehr, dass Ihr gern Sandmännchen schaut. Meinen Freunden, Paula & Paula, Lola Langohr, Pittiplatsch und allen anderen, habe ich auch gleich erzählt, dass Ihr Euch auf die Gute Nacht Geschichten freut. Ab 11.Juli ist auch der kleine König wieder beim Sandmann zu sehen.
Was es bis dahin alles Neues gibt, findet Ihr auf meiner Seite im Internet www.sandmaennchen.de .
Beni fragt, warum ich keine Sandfrau habe. Vielleicht liegt es daran, dass ich immer am Abend unterwegs bin und das jeden Tag. Aber ich habe viele gute Freunde, im Märchenland und an den Orten, wo ich noch unterwegs bin. Ihr müsst Euch keine Sorgen machen, ich bin ein glückliches Sandmännchen.
Ich wünsche Euch viel Spaß beim Spielen und immer gute Träume

Euer Sandmännchen

„Unser Sandmännchen" ist eine Sendung des rbb in Koproduktion mit MDR und NDR.
www.sandmaennchen.de

Kommentar

„Unser Sandmännchen", eine Sendung des Rundfunks Berlin-Brandenburg (rbb), bekommt gewiss täglich einen Sack voll Kinderpost. Der Antwortbrief weiß, an wen er adressiert ist: er ist in jeder Hinsicht seinen jungen Adressaten angepasst. Ihn als Sonderleistung hervorzuheben, wäre überbewertet, aber als gute Antwort ist er einzuordnen.

BILD

guten tag

mein Papi liest BILD. ich darf nur den Sport lesen und finde das gemein. Ich bin schon 11.
Können sie mir ein BILD schicken. Einmal möchte ich ganz lesen. Wenn Papi Taxi fährt merkt er nicht.

Mark [redacted]

dahin schicken:

Mark [redacted] - nicht aufmachen

[redacted] Berlin

BILD Leserredaktion · Brieffach 3440 · 10867 Berlin

PERSÖNLICH
Mark [redacted]

Axel Springer AG
BILD Leserredaktion

Axel-Springer-Straße 65
10888 Berlin
Tel: +49 (0) 30 [redacted]
Fax: +49 (0) 30
leserbriefe@bild.de

5. November 2010

Lieber Mark,

wir danken dir sehr für deinen lieben Brief! Wir finden es sehr schade, dass dein Papa dir nur den Sport-Teil der BILD zum Lesen überlässt.

Leider können wir dir auch keine BILD-Zeitung zusenden, dafür aber eine kleine Überraschung. Wir hoffen, du freust dich darüber.

Viele Grüße

[redacted]

Leserredaktion BILD und BILD am SONNTAG

Kommentar

Aus der BILD-Leserredaktion hat jemand seinen Job gemacht und Marks Schreiben ordentlich abgearbeitet. Alle Klippen werden umschifft und mit „einer kleinen Überraschung" darüber hinweggemogelt, dass jede Mühe der Erläuterung, warum keine Zeitung beiliegt, unterbleibt. (Die Überraschung waren ein Kugelschreiber und ein Schlüsselanhänger.)

Thomas Gottschalk, ARD

Hallo Tomi
Du musst nicht traurig sein.
Mami sagt immer wenn eine
Tür zugeht dann kommt eine
die auf geht. Du kannst mir
schreiben wenn Du magst.
Ich bin Lili und 12 und werde
jezt 13. Als ich nicht mehr
tanzen gehen durfte war ich
auch traurig. Wir sind nämlich
umgezogen von meiner lehrerin
weg.
Was machst Du jezt?
Ich schreibe jezt Tagebuch.

Lili [redacted]

ARD-Hauptstadtstudio

Wilhelmstraße 67 a | 10117 Berlin
Postanschrift: 10874 Berlin
www.ard-hauptstadtstudio.de

Tel +49/30/22[redacted]
Fax +49/30/22[redacted]
info@ard-infocenter.de
www.ard-infocenter.de

Lili [redacted]

ARD
HAUPTSTADTSTUDIO

ARD-Infocenter

Arbeitsgemeinschaft
der öffentlich-rechtlichen
Rundfunkanstalten der
Bundesrepublik Deutschland

Bayerischer Rundfunk
Hessischer Rundfunk
Mitteldeutscher Rundfunk
Norddeutscher Rundfunk
Radio Bremen
Rundfunk Berlin-Brandenburg
Saarländischer Rundfunk
Südwestrundfunk
Westdeutscher Rundfunk Köln
Deutsche Welle

Berlin, 12.06.2012

Liebe Lili,

vielen Dank für deinen schönen Brief an Thomas Gottschalk.
Er ist bei uns im Infocenter angekommen und wir haben ihn gleich zu Thomas weitergeleitet.
Falls du ihm einmal direkt schreiben möchtest, kannst du das unter folgender Adresse tun:

[redacted]

Wenn du noch Fragen hast kannst du dich gerne bei uns melden.

Liebe Grüße

ARD-Infocenter
[redacted]

www.ARD.de

Kommentar

Zwar hat Thomas Gottschalk nicht geantwortet, dafür aber sein damaliger Haussender, an den der Brief für „Tomi" adressiert war. Der Sender hat innerhalb von vier Tagen mit einem Schreiben inkl. der Anschrift von Gottschalk reagiert.

B. Berliner Adressen

Von Klaus Wowereit bis Zoo

Freundlichkeit gehört nun einmal nicht zum Markenzeichen der Spreemetropole. Der Berliner Alltag liefert wenig Anlässe, diesen Markenkern in Frage zu stellen. Die Berliner Adressen, die auf die Kinderbriefe reagiert haben, zeigen hingegen ein überdurchschnittlich freundliches Gesicht. Nicht nur Taxi Berlin, dessen Brief wir unter den drei besten finden, auch die meisten anderen haben so zurückgeschrieben, dass man es gerne liest. Ein schwarzes Schaf fehlt freilich auch hier nicht.

Die Berliner Königliche Porzellan Manufaktur (KPM) und den Regierenden Bürgermeister platzieren wir nach Taxi Berlin auf den Rängen zwei und drei.

KPM

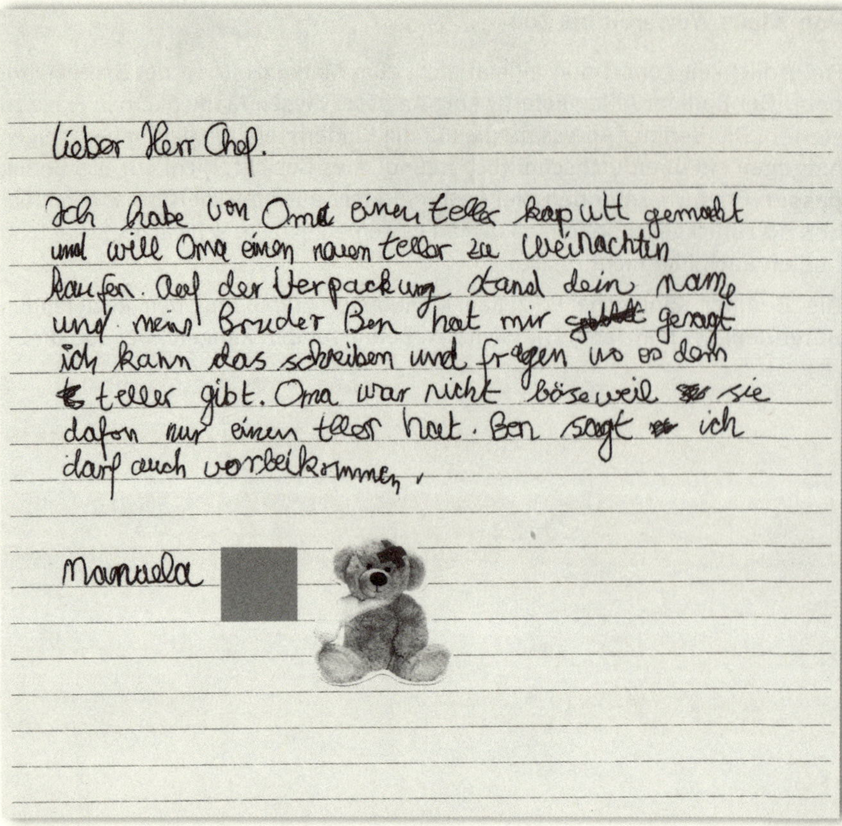

lieber Herr Chef.

Ich habe von Oma einen teller kaputt gemacht und will Oma einen neuen teller zu weinachten kaufen. Auf der Verpackung stand dein name und mein Bruder Ben hat mir ~~gibt~~ gesagt ich kann das schreiben und fragen wo es dem ~~t~~ teller gibt. Oma war nicht böse weil ~~sie~~ sie dafon nur einen teller hat. Ben sagt ~~es~~ ich darf auch vorbeikommen.

Manuela

„Lieber Herr Chef. Ich habe von Oma einen teller kaputt gemacht und will Oma einen neuen Teller zu weinachten kaufen. Auf der Verpackung stand dein name und mein Bruder Ben hat mir gesagt ich kann das schreiben und fragen wo es den teller gibt. Oma war nicht böse weil sie dafon nur einen teller hat. Ben sagt ich darf auch vorbeikommen. Manuela"

Kommentar

Hier gibt es keinen Antwortbrief der KPM, denn diese hat bei Manuela zuhause angerufen, mit der Mutter telefoniert und vorgeschlagen, mit den Scherben vorbeizukommen; dann könne das Kind für ihre Oma einen neuen Teller mitnehmen. Eine erfreuliche Reaktion!

Klaus Wowereit, Regierender Bürgermeister Berlin ☺

guten tag herr Bürgermeister
ich bin Beny und meine Omi sa
ich darf schreiben. Bei uns dar
ich nicht auf der Strasse mit
meinem Rad fahren nur auf
dem Geweg. Oma sagt du
weist wann ein Radweg kom
Wann ~~kommt~~ kommt denn
ein Radweg in unsere
Strasse.

Ich freue mich wenn es bald ist.

Beny

Der Regierende Bürgermeister von Berlin
Senatskanzlei

be Berlin

GeschZ. (bei Antwort bitte angeben)
[redacted]
Bearbeiter/in:
[redacted]

Der Regierende Bürgermeister von Berlin
Senatskanzlei – Jüdenstraße 1, 10178 Berlin (Postanschrift)

Dienstgebäude: Berlin-Mitte
Berliner Rathaus, 10178 Berlin
Eingang Rathausstraße

Tel. Durchwahl	(030)	[redacted]
Zentrale	(030)	
Intern	926	
Fax Durchwahl	(030)	[redacted]
Zentrale	(030)	

[redacted]

www.berlin.de/senatskanzlei

An
Beny [redacted]

Datum **5. April 2011**

Lieber Beny,

der Regierende Bürgermeister von Berlin, Herr Wowereit, hat sich sehr über deinen Brief gefreut. Leider hat er nur sehr wenig Zeit, so dass er dir nicht selber antworten kann. Er hat mich daher gebeten, dir für deine Frage zu danken und dir zu schreiben.

Es ist schon für Kinder recht gefährlich, mit dem Fahrrad auf der Straße zu fahren. Ich glaube schon, dass deine Eltern und deine Omi da Angst um dich haben. Nun möchtest du gerne wissen, wann in eurer Straße ein Radweg kommt. Ich habe mich daher bei eurem Bezirksamt erkundigt. Dort hat man mir gesagt, dass die Fahrbahn zu schmal ist und darum keine zusätzliche Markierung für Radfahrer erfolgen kann. Auf dem Gehweg geht das auch nicht, da dort wegen der großen Bäume kein Platz ist. Nun bist du sicherlich enttäuscht, aber Herr Wowereit kann da auch nichts machen, weil der Bezirk darüber bestimmen kann.

Ich hätte aber eine Idee. Es gibt in jedem Bezirk Übungsflächen (Jugendverkehrsschulen – früher hießen sie Verkehrskindergarten), die im Miniaturformat den realen Verkehrsflächen nachgebildet sind. Dort können Kinder im Alter von ca. 5 bis 14 Jahren unter Anleitung ungestört verkehrssicheres Verhalten im Straßenverkehr als Fußgänger und Radfahrer trainieren. Vielleicht hast du Lust und besprichst das mal mit deinen Eltern oder der Omi. Die können dann dort mal nachfragen. Ich schreibe mal die Adressen auf:

In Steglitz, Albrechtstr. 42, 12167 Berlin, Tel. 79749680,
in Zehlendorf, Brittendorfer Weg 16 a, 14167 Berlin, Tel. 8114744

Nun wünsche ich dir alles Gute – und pass schön im Straßenverkehr auf.

Viele Grüße
Im Auftrag

[redacted]

Der Regierende Bürgermeister
Senatskanzlei
Jüdenstraße 1

10178 Berlin

Verkehrsverbindungen:
U- und S-Bahn Alexanderplatz,
Regionalbahn, Tram M 2, M 5, M 6
Bus M 48, 100, 200, 248, TXL

Besuchszeiten der Bürgerberatung:
Mo/Di/Fr 9.00 - 12.00 Uhr
Do 16.00 - 18.00 Uhr

Kommentar

Aus der Senatskanzlei des Regierenden Bürgermeisters Klaus Wowereit bekommt Beny eine ausführliche, sorgfältige und sprachlich stimmige Antwort. Dem heiklen Thema Radfahrweg wird gründlich nachgegangen. Beny erhält eine Erklärung, weshalb der Bürgermeister nicht selbst antwortet und wird über Jugendverkehrsschulen informiert. Wir haben nichts zu meckern.

Berliner Feuerwehr

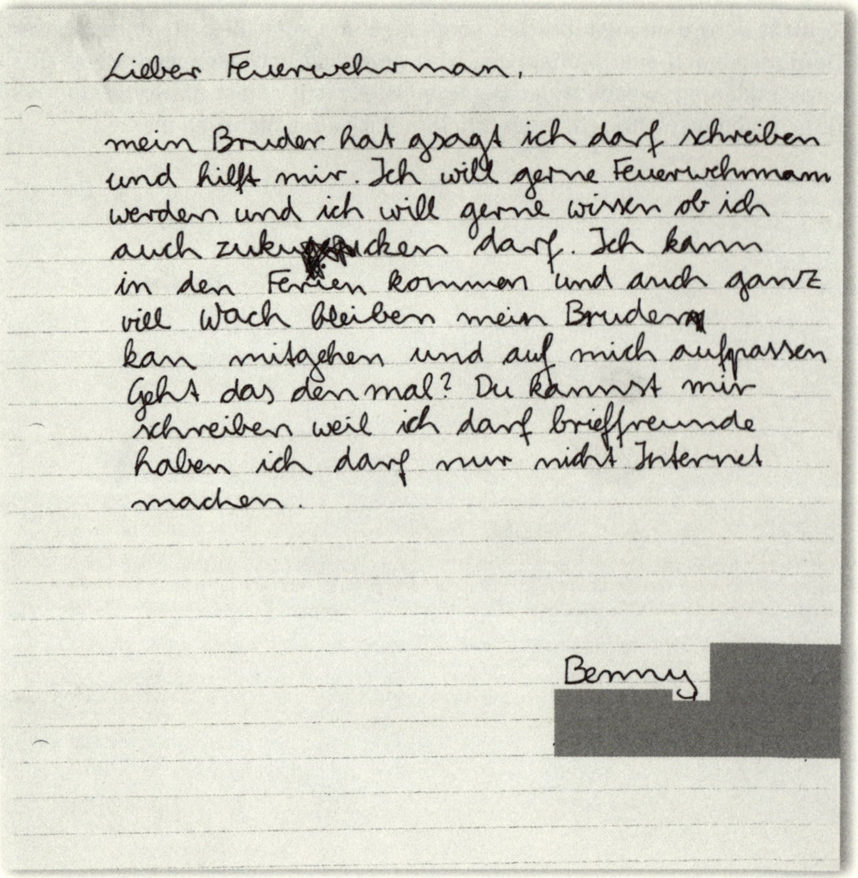
Lieber Feuerwehrman,

mein Bruder hat gsagt ich darf schreiben
und hilft mir. Ich will gerne Feuerwehrmann
werden und ich will gerne wissen ob ich
auch zukucken darf. Ich kann
in den Ferien kommen und auch ganz
viel Wach bleiben mein Bruder
kan mitgehen und auf mich aufpassen
Geht das den mal? Du kannst mir
schreiben weil ich darf brieffreunde
haben ich darf nur nicht Internet
machen.

Benny [redacted]

„Lieber Feuerwehrman, mein Bruder hat gesagt ich darf schreiben und hilft mir. Ich will gerne Feuerwehrmann werden und ich will gerne wissen ob ich auch zukucken darf. Ich kann in den Ferien kommen und auch ganz viel wach bleiben mein Bruder kan mitgehen und auf mich aufpassen. Geht das den mal? Du kannst mir schreiben weil ich darf brieffreunde haben ich darf nur nicht Internet machen. Benny"

Berliner Feuerwehr
Öffentlichkeitsarbeit/Pressestelle

be Berlin

Berliner Feuerwehr 13625 Berlin (Postanschrift)

Benny [redacted]

Dienstgebäude
Voltairestr. 2
10179 Berlin

Zimmer: [redacted]
Tel. intern:
E-Mail:

Bearbeiter/in	Bearbeiterzeichen	Telefon (030)	Fax (030)	Datum
[redacted]	[redacted] Bei Antwort bitte angeben	[redacted]	[redacted]	23. November 2010

Lieber Benny,

ich freue mich über Dein Interesse an der Berliner Feuerwehr.

Da unser Beruf sehr gefährlich ist können wir Dich leider nicht mit zu ein paar Einsätzen nehmen. Ich freue mich aber umso mehr, dass die Feuerwache Steglitz, also die Wache nur ein paar Straßen bei Dir um die Ecke, Deine gesamte Schulklasse einlädt Dich im Rahmen der Brandschutzerziehung über die Aufgaben der Feuerwehr zu informieren und Euch die Feuerwache anzuschauen, ein paar Fragen zu stellen und Fotos zu machen.
Wenn Du daran Interesse hast, sag doch einfach Deiner Klassenlehrerin Bescheid oder gib Ihr diesen Brief und Sie soll unter der Rufnummer 387 4200 101 einen Termin vereinbaren.

Mit freundlichen Grüßen

[redacted]

Im Auftrag
[redacted]

Berliner Feuerwehr
Voltairestr. 2
10179 Berlin

Tel.: (+49 30) 387-111
Fax: (+49 30) 387-30 629

Zahlungen bitte bargeldlos nur an die Landeshauptkasse Berlin,
Klosterstr. 59, 10179 Berlin

	Postbank Berlin	Sparkasse	Berliner Bank	Landeszentralbank
Konto	58-100	0 990 007 600	9 919 260 800	10 001 520
BLZ	100 100 10	100 500 00	100 200 00	100 000 00

Öffentliche Parkplätze sind ggf. kostenpflichtig!

Verkehrsverbindungen zum o.g. Dienstgebäude
U 2 Klosterstraße U 8 Jannowitzbrücke
S 5, 7, 75, 9
Jannowitzbrücke

Wir bitten um Verständnis, dass wir aus ökologischen und ökonomischen Gründen geringfügige Korrekturen handschriftlich vornehmen.

Berliner Sparkasse

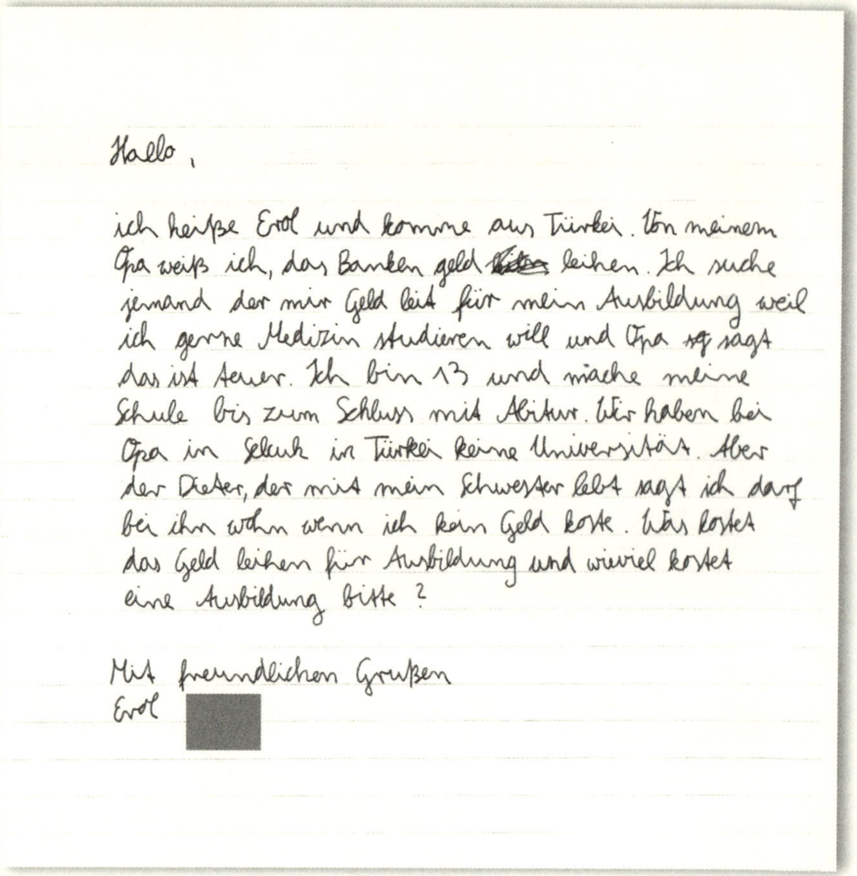

Hallo,

ich heiße Erol und komme aus Türkei. Von meinem Opa weiß ich, das Banken geld leihen. Ich suche jemand der mir Geld leit für mein Ausbildung weil ich gerne Medizin studieren will und Opa sagt das ist teuer. Ich bin 13 und mache meine Schule bis zum Schluss mit Abitur. Wir haben bei Opa in Selcuk in Türkei keine Universität. Aber der Dieter, der mit mein Schwester lebt sagt ich darf bei ihn wohn wenn ich kein Geld koste. Was kostet das Geld leihen für Ausbildung und wieviel kostet eine Ausbildung bitte?

Mit freundlichen Grußen
Erol [redacted]

„Hallo, ich heiße Erol und komme aus Türkei.

Von meinem Opa weiß ich, das Banken geld leihen. Ich suche jemand der mir Geld leit für mein Ausbildung weil ich gerne Medizin studieren will und Opa sagt das ist teuer. Ich bin 13 und mache meine Schule bis zum Schluss mit Abitur. Wir haben bei Opa in Selcuk in Türkei keine Universität. Aber der Dieter, der mit mein Schwester lebt sagt ich darf bei ihn wohn wenn ich kein Geld koste. Was kostet das Geld leihen für Ausbildung und wieviel kostet eine Ausbildung bitte?

Mit freundlichen Grußen Erol"

Berliner Sparkasse

BS-Ko 11

Herrn
Erol [redacted]

Berliner Sparkasse
Alexanderplatz 2
10178 Berlin

Telefon: 030/[redacted]
Telefax: 030/[redacted]

Berlin, 10. Februar 2011

Anfrage wegen eines Kredites

Sehr geehrter Herr [redacted]

Ihr Schreiben haben wir erhalten.

Wir empfehlen sich Auskünfte beim Berufsinformationszentrum einzuholen.

Eine Möglichkeit wäre das BIZ(Berufsberatungszentrum)in der Friedrichstr. 39, in 10969 Berlin .

Für Ihren weiteren Lebensweg wünschen wir Ihnen alles Gute.

Mit freundlichen Grüßen

[redacted]

Berliner Sparkasse
Niederlassung der
Landesbank Berlin AG
Alexanderplatz 2, 10178 Berlin
Postadresse: 10889 Berlin

Telefon: 030/869 801
Telefax: 030/869 830 74
www.berliner-sparkasse.de

BLZ: 100 500 00
SWIFT (BIC): BELA DE BE
Sitz Berlin, Reg.-Nr. HRB 99726 B
Amtsgericht Charlottenburg
USt.-Ident.-Nr.: DE 136634107

Vors. des Aufsichtsrats: Heinrich Haasis
Vorstand: Dr. Johannes Evers (Vorsitzender),
Jan Bettink, Serge Demolière,
Hans Jürgen Kulartz, Martin K. Müller,
Patrick Tessmann

Kommentar

Die Berliner Sparkasse hat dem „sehr geehrten Herrn …“ geantwortet und ihm für seinen weiteren Lebensweg – auch ohne Kredit – alles Gute gewünscht. Immerhin hat sie noch die Adresse des Berufsberatungszentrums beigefügt. Das Signal „bleib uns als Kunde vom Hals“ ist eindeutig.

Berliner Stadtreinigung

☺

Guten tag,

ich bin Lili und meine Omi
hat gesagt ich darf schreiben.
ich habe nämlich die Idee,
dass alle Kinder von Berlin
die grauen Mülltonen
bunt malen. Wenn man allen
Schulen einen Brief schreibt
machen die bestimmt mit.

Lili [redacted]

Berlin

Berliner Stadtreinigung BSR

BSR . Postfach 42 01 52 . D-12061 Berlin

Lili [redacted]

Vorstandsbüro
Kommunikation

Ringbahnstr. 96
12103 Berlin

Telefon 030 [redacted]
Telefax 030

Ihre Ansprechpartnerin:
[redacted]

11. Juni 2012

Bunte Mülltonnen

Liebe Lili,

ganz herzlichen Dank für Deinen Brief und die schöne Idee. Ich bin sicher, dass Du Recht hast und viele Kinder dabei mitmachen würden.

Wenn Du Dir aber mal den Müllplatz anguckst, dann stehen da ja Tonnen in verschiedenen Farben: blaue, gelbe, orangefarbene, braune grüne und eben auch graue. Und das hat einen Sinn, denn jede Farbe steht für eine eigene Abfallart, die in der Tonne entsorgt werden soll – die blaue beispielsweise für Papier. Mit dem Spiel, das ich Dir in den Brief mit reingelegt habe, kannst Du darüber einiges erfahren, auch was dann aus dem getrennten Müll wird.

Viel Spaß beim Spielen, liebe Grüße an Deine Omi und von uns aus darfst Du uns immer gern schreiben, wenn Du neue Ideen hast oder Du rufst mich einfach an.

Liebe Grüße

[redacted]

Berliner Stadtreinigungsbetriebe
Anstalt öffentlichen Rechts
HRA 33 292
AG Berlin-Charlottenburg
USt-IdNr. DE 136 630 343

Hauptverwaltung
Ringbahnstraße 96
12103 Berlin
Telefon 030 7592-4900
Telefax 030 7592-2262
www.BSR.de

Vorstand
Vera Gäde-Butzlaff (Vorsitzende)
Andreas Scholz-Fleischmann

Aufsichtsrat
Dr. Ulrich Nußbaum (Vorsitzender)

Bankverbindung
Berliner Sparkasse
BLZ 100 500 00
Konto-Nr. 66 000 50 550
IBAN DE34 1005 0000 6600 0505 50
BIC. BELADEBEXXX

Zertifizierter Entsorgungsfachbetrieb

100% Recyclingpapier mit dem Blauen Engel

Kommentar

Eine Antwort, die das Kind für seine Idee lobt und eine Erklärung für die Absage liefert. Lili wird sogar aufgefordert, immer zu schreiben, sobald sie eine neue Idee hat, und bekommt ein lehrreiches Spiel mitgeschickt.

Berliner Wasserbetriebe

Die Berliner Wasserbetriebe haben sich mit dem Problem zu beschäftigen, ob das Berliner Wasser nicht mit Erdbeergeschmack aus der Leitung kommen könnte. Außerdem möchte Manuels Schwester eine große Dusche haben.

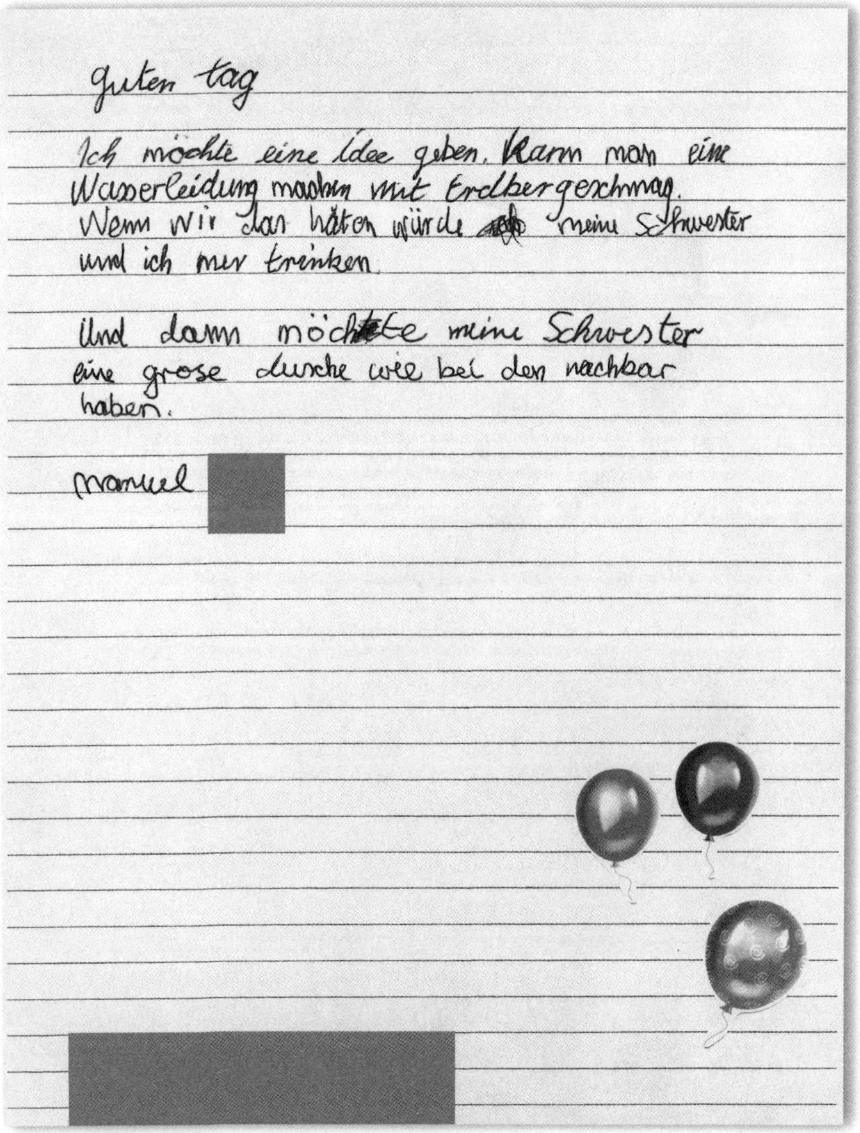

guten tag

Ich möchte eine Idee geben. Kann man eine Wasserleidung machen mit Erdbergeschmag. Wenn wir das häten würde meine Schwester und ich mer trinken.

Und dann möchte meine Schwester eine grose dusche wie bei den nachbar haben.

manuel [redacted]

[redacted]

Berliner Wasserbetriebe

Berliner Wasserbetriebe · 10864 Berlin

Herrn
Manuel [redacted]

Service-Telefon:
0800.292 75 87
(kostenfrei)
Fax 030.8644-2810

Postanschrift
Berliner Wasserbetriebe
10864 Berlin

Hausanschrift
Neue Jüdenstraße 1
10179 Berlin

E-Mail: service@bwb.de
www.bwb.de

S- und U-Bahn
Jannowitzbrücke
U-Bahn Klosterstraße

Unser Zeichen -bitte stets angeben-	Bearbeiter/-in	Durchwahl/Fax	Ihre Zeichen/Ihre Nachricht v.
[redacted]	[redacted]	[redacted]	

9. November 2010

Lieber Manuel,

Deine Idee mit der Wasserleitung, aus der Wasser mit Erdbeergeschmack läuft, ist witzig. Aber ich fürchte, im echten Leben wird daraus nichts. Warum? Aus mehreren Gründen. Für Dich ist Erdbeere das Größte. Für andere ist es Zitrone, Vanille oder Rosenkohl. Dann müsste man ja dutzende verschiedene Geschmacksleitungen legen. Das wäre nicht nur sehr teuer, aus jeder Leitung würde nur sehr wenig Wasser fließen und das wäre dann nicht mehr gut, denn Wasser ist das Grundlebensmittel, muss also immer frisch sein. Wenn es aber lange in der Leitung steht, dann ist es nicht mehr frisch.

Mein Vorschlag ist also: Du kaufst Dir Erdbeersirup oder im Sommer auch frische Erdbeeren, die nicht um die halbe Welt mit dem Flugzeug geflogen werden, und machst Dir selbst Erdbeerwasser.

Und die Sache mit der großen Dusche kann ich gut verstehen. Da musst Du mal mit Deinen Eltern reden, ob Ihr Euch gemeinsam im Baumarkt eine schöne neue aussucht. Da gibt es ja eine Riesen-Auswahl.

Mit freundlichen Grüßen

[redacted]

Berliner Wasserbetriebe · Anstalt des öffentlichen Rechts · Registergericht: Amtsgericht Berlin-Charlottenburg · Registernummer: HRA 30951
Vorstand: Jörg Simon (Vorsitzender), Frank Bruckmann, Dr.-Ing. Georg Grunwald, Norbert Schmidt · Vorsitzender des Aufsichtsrates: Senator Harald Wolf
Bankverbindung: Berliner Sparkasse · BLZ 100 500 00 · Konto-Nr. 09 90 00 72 00

Kommentar

Es hat eine durchaus gewinnende Art, wie die Wasserbetriebe Manuels Hoffnung zunichte, aber zugleich einen Vorschlag machen, wie er doch noch zu seinem Erdbeerwasser kommen kann. Selbst die größere Dusche wird thematisiert.

Madame Tussauds

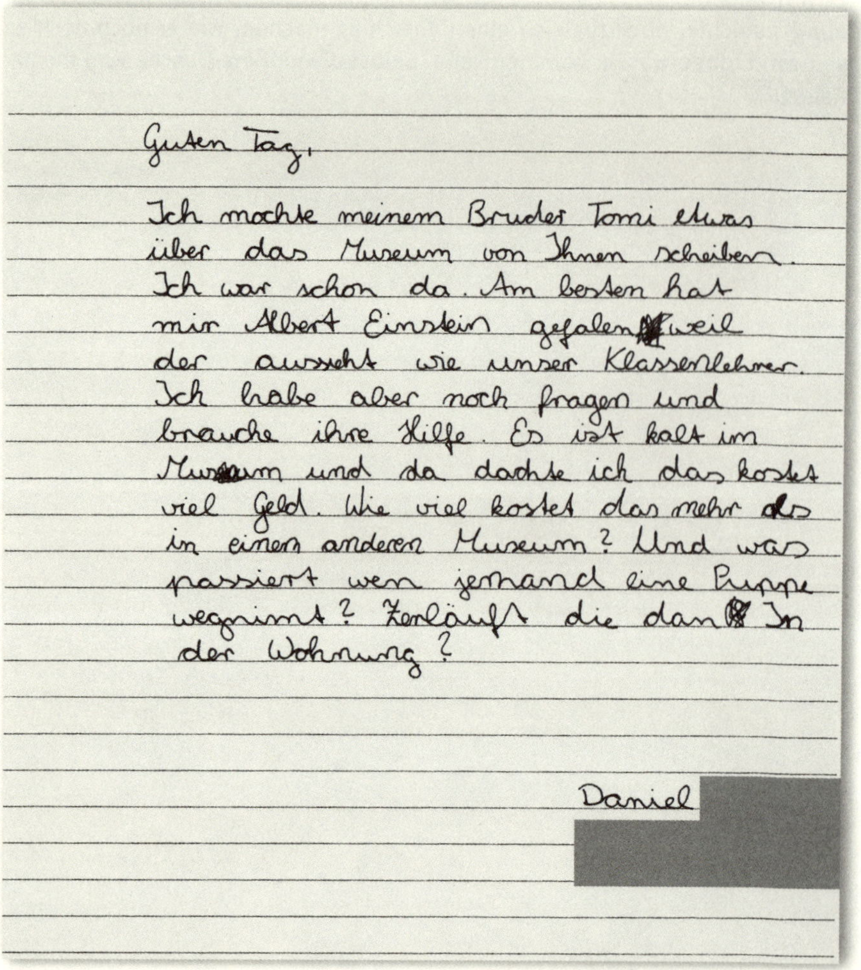

Guten Tag,

Ich mochte meinem Bruder Tomi etwas
über das Museum von Ihnen scheiben.
Ich war schon da. Am besten hat
mir Albert Einstein gefalen weil
der aussieht wie unser Klassenlehrer.
Ich habe aber noch fragen und
brauche ihre Hilfe. Es ist kalt im
Museum und da dachte ich das kostet
viel Geld. Wie viel kostet das mehr als
in einem anderen Museum? Und was
passiert wen jemand eine Puppe
wegnimt? Zerläuft die dan In
der Wohnung?

Daniel

„Guten Tag, Ich mochte meinem Bruder Tomi etwas über das Museum von Ihnen schreiben. Ich war schon da. Am besten hat mir Albert Einstein gefalen weil er aussieht wie unser Klassenlehrer. Ich habe aber noch fragen und brauche ihre Hilfe. Es ist kalt im Museum und da dachte ich das kostet viel Geld. Wie viel kostet das mehr als in einem anderen Museum? Und was passiert wen jemand eine Puppe wegnimt? Zerläuft die dan In der Wohnung? Daniel"

Madame Tussauds Berlin

Madame Tussauds Deutschland GmbH
Niederlassung Berlin
Unter den Linden 74
10117 Berlin
Infoline: 01805-545800
Fax: 01805-545801
14 Cent/Minute aus dem dt. Festnetz; Mobilfunktarif max. 42 Cent/Minute
WEB www.madametussauds.com
USt.-ID-Nr. DE 258243043

Madame Tussauds Berlin – Unter den Linden 74 – 10117 Berlin

Daniel [redacted]

Berlin, 27. November 2010

Fragen zu Madame Tussauds Berlin

Lieber Daniel [redacted]

vielen Dank für Dein Schreiben und dem Interesse an Madame Tussauds Berlin.

Leider können wir Dir keine genauen Angaben geben wie viel teurer oder günstiger das Madame Tussauds Berlin im Vergleich zu anderen Museen ist. Mit hoher Wahrscheinlichkeit sind wir durchschnittlich etwas teurer als die Museen in unserer Umgebung.

Die Preisgestaltung eines Unternehmens wie dem Madame Tussauds Berlin hängt natürlich von dem Inventar ab welches wir unseren Gästen zeigen können. Damit Du ungefähr eine Ahnung von dem bekommst was wir meinen, eine Figur kostet um die 200.000 € und wir haben um die 80 Figuren.

Um Figuren wie die von Madame Tussauds ausstellen zu können, bedarf es natürlich eines gewissen Klimas. Es sollte nicht zu heiß werden, da wie Du weißt unsere Figuren aus Wachs sind. Eine Figur in der Wohnung auszustellen wäre natürlich machbar, wenn diese sich im Sommer nicht allzusehr aufheizt, ob man sich das jedoch leisten kann ist eine andere Frage.

Wir hoffen Dir etwas geholfen zu haben und verbleiben

mit freundlichen Grüßen

[redacted]

A MERLIN ENTERTAINMENTS GROUP ATTRACTION.
Geschäftsführer: Glenn Earlam, Meike Schulze, Tanja Mix
Amtsgericht Hamburg HRB 103588
Bankverbindung: Konto 602015232 BLZ 200 300 00 Hypo- und Vereinsbank AG Hamburg

MERLIN ENTERTAINMENTS GROUP

Museum für Naturkunde

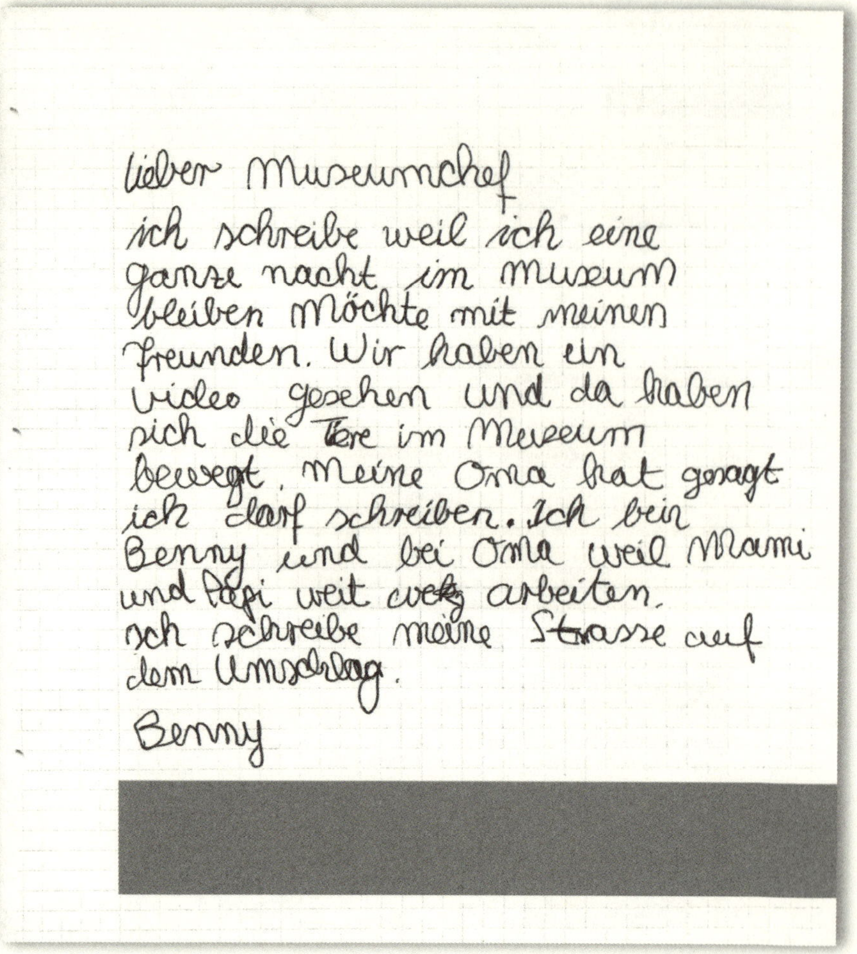

lieber Museumchef

ich schreibe weil ich eine ganze nacht im museum bleiben Möchte mit meinen freunden. Wir haben ein video gesehen und da haben sich die Tiere im Museum bewegt. Meine Oma hat gesagt ich darf schreiben. Ich bein Benny und bei Oma weil Mami und Papi weit weg arbeiten.
ich schreibe meine Strasse auf dem Umschlag.

Benny

Leibniz
Gemeinschaft

Ausstellungen museum für naturkunde

Lieber Benny,

ich bin nicht der Museumschef, ich arbeite aber im Museum für Naturkunde als Lehrer.
Den Film, den Ihr gesehen habt, kenne ich auch und finde ihn eigentlich gelungen.
Aber es ist eben „nur“ ein Film, der mit der Wirklichkeit dann nichts zu tun hat. Leider bewegen sich unsere Tiere im Museum nicht, nicht einmal nachts. Darüber würden sich unsere Wissenschaftler nämlich sehr freuen, weil sie dann dadurch sehr viel über das Leben längst ausgestorbene Tiere erfahren könnten.
Eine Übernachtung im Museum ist daher eher überflüssig und aus Sicherheitsgründen nicht möglich. Unsere Ausstellungen sind aber auch am Tag zu den angegebenen Öffnungszeiten sehr interessant und spannend. In den Ferien finden jeweils um 11:00 und um 14:00 Uhr Führungen statt, die sich hauptsächlich mit unseren Sauriern beschäftigen. Vielleicht kannst Du Deine Oma überreden, einmal zu dieser Ferienführung zu kommen.
Vielen Dank trotzdem für Deinen lieben Brief.

Viele Grüße an Dich und Deine Oma,

[redacted]

[redacted] (Museumspädagoge)

Nationalgalerie Staatliche Museen zu Berlin

lieber museumchef

Mein Onkel Jöng geht
fiel in dein Haus und ich
war auch schon da und darf
dir schreiben.
Ich habe eine tolle idee
für dein Haus.
Ich mache eine ausstellung
mit allen Ostereiern die
wir in unserer schule mache
das wäre toll.
geht das denn.
Ich bin lili

S M
B Nationalgalerie
Staatliche Museen
zu Berlin

Nationalgalerie im Hamburger Bahnhof SMB Invalidenstrasse 50-51 D-10557 Berlin

Lili [redacted]

Nationalgalerie im Hamburger Bahnhof
Museum für Gegenwart – Berlin
Staatliche Museen zu Berlin
Invalidenstr. 50
D-10557 Berlin

fon 030 [redacted]
fax 030
mail [redacted]

08.04.2011

Liebe Lili,

Herr Blume, Leiter des Hamburger Bahnhofs, bedankt sich ganz herzlich für deinen netten Brief und deine schöne Idee, alle Ostereier aus deiner Schule auszustellen.

Leider kann Herr Blume deine Idee nicht verwirklichen.

Als ein Dankeschön für deine Ausstellungsidee schenkt Herr Blume dir einen Katalog von Andy Warhol mit Kunstwerken, die er angefertigt hatte, als er noch sehr jung war.

Bestimmt kennst du Andy Warhol und hast seine Bilder im Hamburger Bahnhof gesehen.

Ich wünsche dir ein wunderschönes Osterfest, mit vielen selbst bemalten Eiern und sehr viel Sonnenschein.

Herzliche Grüße
[redacted]

Stiftung Preußischer Kulturbesitz

O_2 World

Hallo,

ich bin Ben und ich ~~ha~~ hab eine Frage.
Wir waren letztens beim Eishockyspiel
und da habe ich gesehen das das Haus
O2 heist. Aber das ist doch garkein
Telefonhaus. Warum heist das so?
Mein Papa hat gesagt ich darf
schreiben.

Ben [redacted]

O_2 World

Anschutz Entertainment Group Operations GmbH
o2 Platz 1 · 10243 Berlin

Ben [redacted]

Hallo Ben,

danke für Deinen netten Brief, wir haben uns sehr darüber gefreut!

Du hast natürlich Recht, das O_2 ein „Telefonhaus" bzw. ein Telefonanbieter ist. Um auf Deine Frage besser eingehen zu können und sie Dir genauer zu beantworten, möchten wir Dich und Deine Eltern zu einer Führung in die O_2 World einladen! Hier hast Du die Möglichkeit alle Deine Fragen loszuwerden :-)

Sprich einfach mit Deinem Papa und Deiner Mama darüber und ruf mich an. Meine Telefonnummer ist die 030/ [redacted].

Ich freue mich von Dir zu hören!

Deine [redacted]

O_2 World Berlin
Anschutz Entertainment Group
Operations GmbH
o2 Platz 1
10243 Berlin

Tel. +49 (30) [redacted]
Fax +49 (30) [redacted]
info@o2world.de
www.o2world.de

Geschäftsführer
Michael Keller

Handelsregister
AG Charlottenburg
HRB 110530
St. Nr. 037/144/21159

Bankverbindung
Deutsche Bank AG
BLZ 100 700 00
Konto-Nr. 068 043 900

Eine Arena der
Anschutz Entertainment Group

Quatsch Comedy Club Berlin

Guten Tag,

ich bin Ben ~~[illegible]~~ und ich will wissen warum
es bei euch kein Kinderprogramm gibt.
Ich bin manchmal bei meiner Schwester in
Mitte und die hat mir die Adresse
gegeben und sagt wenn du ein Kinderpro
hast nimmt sie mich mit.

Ben [redacted]

1 brf serious fun

Thomas Hermanns' QUATSCH COMEDY CLUB

BERLIN · HAMBURG

SERIOUS FUN GMBH & CO KG, REINHARDTSTR. 6, 10117 BERLIN

An
Ben [redacted]

Berlin, 8. Februar 2011

Anschreiben vom 08.02.2011

Lieber Ben,

vielen lieben Dank für deinen netten Brief.

Wie du bereits richtig festgestellt hast, haben wir kein Kinderprogramm im Quatsch Comedy Club. Wenn du jedoch schon über 10 Jahre alt bist, dann kann dich deine Schwester, wenn sie volljährig ist, gerne mit in die Show nehmen. Sollte deine Schwester unter 18 sein, musst du deine Eltern auch mitbringen.

Wir würden dich sehr gerne einladen, wenn du alt genug für unser Programm bist. Klingel doch einfach mal bei uns durch oder bitte deine Mutter dies für dich zu tun. Wir werden dann sicher gemeinsam einen passenden Termin mit passendem Programm für dich finden. Wir sind unter der Nummer 030 – [redacted] von 10 bis 18 Uhr für Dich erreichbar.

Liebe Grüße

Dein Quatsch Comedy Club Team

[redacted]

S-Bahn Berlin GmbH

Hallo,

ich bin Ben und mein Bruder geht mit mir manchmal ins Internet. Deshalb kan ich an die Adresse schreiben. aber ich kann nur so schreiben weil wir nicht ausdrucken können. Ich fare jetzt immer mit der Bahn zur Schule. Das fand ich total doof als Schnee lag. Ich musste immer ganz früh aufstehen weil ich zu spät gekommen bin weil einmal kam die Bahn nicht und die Lehrerin war böse. Kann mir jemand eine Entschuldigung schreiben damit meine Lehrerin nicht mehr böse ist und mir glaubt?

Ben [redacted]

DB BAHN

S-Bahn Berlin GmbH • Invalidenstraße 19 • 10115 Berlin

Herrn
Ben [redacted]

S-Bahn Berlin GmbH
Kundenbetreuung
Invalidenstraße 19
10115 Berlin
www.s-bahn-berlin.de

S 1, 2, 25 bis Bf. Nordbahnhof
M8, M10, 12 bis Bf. Nordbahnhof
245, 247, N40 bis Bf. Nordbahnhof

[redacted]
Telefon 030 [redacted]
Telefax 030 [redacted]
kundenbetreuung@s-bahn-berlin.de
Zeichen [redacted]
Vorgangsnummer: [redacted]

07.02.2011

Entschuldigungsschreiben

Hallo Ben,

vielen Dank für Dein Schreiben.

Es tut uns leid, dass Du aufgrund von Betriebseinschränkungen bei der Berliner S-Bahn mehrfach zu spät in der Schule erschienen bist.

Gerne bestätigen wir Dir hiermit, dass es in der Zeit vom 2. Dezember 2010 bis 6. Januar 2011 aufgrund der besonderen Witterung zu Verspätungen und Zugausfällen bei der Berliner S-Bahn kam.

Für die Betriebseinschränkungen bitten wir ausdrücklich um Entschuldigung. Natürlich wollen wir unseren Kunden einen pünktlichen und serviceorientierten Zugverkehr anbieten. Der S-Bahnbetrieb ist aufgrund des extrem hohen Instandhaltungsaufwandes sehr fragil. Trotz größter Bemühungen waren bei den winterlichen Witterungsverhältnissen Unregelmäßigkeiten leider nicht zu verhindern.

Wir versichern Dir, dass wir alles tun, um die Beeinträchtigungen für unsere Kunden so gering wie möglich zu halten.

Mit freundlichen Grüßen

[redacted]

Kundenbetreuung

S-Bahn Berlin GmbH
Sitz Berlin
Amtsgericht
Berlin-Charlottenburg
HRB 51 257
USt.-Id.: DE 163227325

Vorsitzender des Aufsichtsrates:
Frank Sennhenn
Geschäftsführer:
Peter Buchner (Sprecher)
Jürgen Konz
Christian Kayser
Christoph Wachendorf

Bankverbindung:
Postbank AG
BLZ 100 100 10
Konto-Nr. 630 588 100
Dresdner Bank AG
BLZ 120 800 00
Konto-Nr. 40 948 640 00

S Bahn Berlin

Tierheim Berlin

Hallo,

ich bin Benny und habe
eine Frage. Meine Mami
hat gesagt ich darf schreiben
weil ich ~~habe~~ ~~[illegible]~~ möchte
wissen ob es einen Hund
gibt der keine Hunde steuer
kostet. Ich darf dann
nemlich einen Hund haben wenn
er nicht steuer bezahlen muss.
Dann komme ich und hole mir
einen Hund. Ich weis auch schon
einen Namen.

Benny [redacted]

Ber lin

Tierschutzverein für Berlin u. Umgebung Corporation e.V. gegründet 1841
Tierheim Berlin Hausvaterweg 39 · 13057 Berlin · **Tel** (030) 76 888-0 · **Fax** (030) 76 888-150 · info@tierschutz-berlin.de
Öffnungszeiten Tierheim Mo – Fr 11:00 – 17:00 Uhr, Sa u. So. 11:00 – 16:00 Uhr · an Feiertagen geschlossen
Geschäftszeiten Tierschutzverein für Berlin Mo – Fr 9:00 – 17:00 Uhr · www.tierschutz-berlin.de

TIERSCHUTZVEREIN FÜR BERLIN
TVB

Tierschutzverein für Berlin e.V. · Hausvaterweg 39 · 13057 Berlin

Benny [redacted]

Datum
04. Juni 2012 [redacted]

Ihr Zeichen, Ihre Nachricht   Unser Zeichen **(stets angeben!)**   Ansprechpartner: [redacted]

Hallo Benny,

vielen Dank für Dein Interesse, einem Hund aus unserem Tierheim ein neues Zuhause geben zu wollen.

Leider müssen wir Dich enttäuschen, denn für jeden Hund muss man Hundesteuer bezahlen. Wenn man sich einen Hund aus unserem Tierheim holt, dann wird jedoch für 1 Jahr die Hundesteuer erlassen. Danach kostet die Hundesteuer in Berlin 120 Euro im Jahr.

Vielleicht setzt Du Dich mit Deiner Mami nochmals zusammen und Ihr sprecht alles durch. Denn die Haltung eines Hundes ist natürlich auch mit weiteren Kosten verbunden – neben der Erstausstattung wie Hundekorb, Halsband, Leine, Spielzeug, Näpfe braucht der Hund natürlich auch Futter und seine jährliche Impfung vom Tierarzt. Auch für eventuelle Tierarztbesuche sollte immer Geld vorhanden sein. Über solche Kosten sollte man sich vor Anschaffung eines Tieres immer bewusst sein.

Wir drücken Dir die Daumen, dass Du Dir Deinen Traum erfüllen kannst!

Liebe Grüße

[redacted]

Sekretariat Tierheim Berlin

Spenden an **Postbank Berlin** · Konto 35 600 105 · BLZ 100 100 10 · **Commerzbank AG in Berlin** · Konto 33 85 000 00 · BLZ 100 800 00
Spenden sind steuerlich absetzbar. Der Tierschutzverein ist als gemeinnützig anerkannt. Erbschaften und Vermächtnisse sind von der Erbschaftssteuer befreit · Vereinsregister-Nummer 23246 Nz · Steuer-Nummer 27/678/50745
Der Tierschutzverein für Berlin u. Umgebung Corporation e.V. ist eingetragenes Mitglied im Deutschen Tierschutzbund e.V.

Kommentar

Das Tierheim beantwortet Bennys Frage und macht ihn auch darauf aufmerksam, dass es eben bei den Steuern allein nicht bleibt. Es gibt dem Kind gute weiterführende Informationen zum Thema Finanzen.

Zoo Berlin

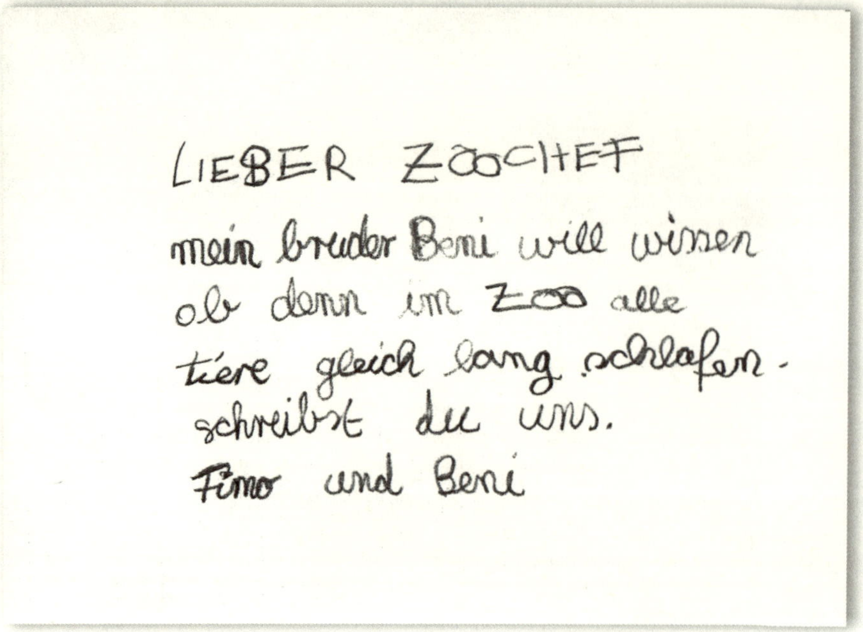

LIEBER ZOOCHEF

mein bruder Beni will wissen
ob denn im ZOO alle
tiere gleich lang schlafen.
schreibst du uns.

Timo und Beni

ZOO BERLIN
DER HAUPTSTADT ZOO

ZOOLOGISCHER GARTEN BERLIN | HARDENBERGPLATZ 8 | 10787 BERLIN

An
Fino und Beni [redacted]

ZOOLOGISCHER GARTEN BERLIN AG
Hardenbergplatz 8
10787 Berlin
Telefon +49 (0)30 [redacted]
Telefax +49 (0)30 [redacted]
info@zoo-berlin.de
www.zoo-berlin.de
www.aquarium-berlin.de

[redacted] 29.03.2011

Lieber Fino, lieber Beni,

vielen Dank für Euren Brief.

Die Tiere schlafen unterschiedlich lange. Elefanten und Giraffen oft nur wenige Minuten, Löwen dagegen bis zu 16 Stunden am Tag.

Mit freundlichen Grüßen

[redacted]

Dr. Bernhard Blaszkiewitz
- Direktor -

Vorsitzender des Aufsichtsrates
Frank Bruckmann
Vorstand
Dr. rer. nat. Bernhard Blaszkiewitz
Gabriele Thöne

HR AG Charlottenburg 92 HRB 4306 NZ
Steuernummer: 27/602/50228
Umsatzsteuer-ID: DE 136782336

Berliner Volksbank e.G. | Kto.-Nr. 8848114007 | BLZ 100 900 00
Commerzbank AG | Kto.-Nr. 920192000 | BLZ 100 800 00
Landesbank Berlin | Kto.-Nr. 730012000 | BLZ 100 500 00
Commerzbank AG | Kto.-Nr. 661234500 | BLZ 100 400 00

Kommentar

Kurze klare Frage, kurze klare Antwort des „Zoochefs", das ist sehr okay. Wahrscheinlich müsste der Direktor des Zoo Berlin massenweise Freikarten vergeben, würde er alle Kinder, die dem Zoo schreiben, zu einem kostenlosen Besuch einladen. Dass Fimo in Fino umgetauft wird, ist ein bisschen schade.

C. Marken und markante Namen

Zum Beispiel ADAC, DIN und George Clooney

Das einfache Vorurteil erwartet vom DIN, dem Deutschen Institut für Normung, eine genormte Antwort. Torsten, der Chef, der sich hier um alles kümmern muss, belehrt uns eines Besseren und erklärt Lilly nebenbei noch schnell den Unterschied zwischen einer Norm und einem Gesetz. Im Übrigen scheint er sich total gut mit Kindern auszukennen. Auch sein Antwortschreiben finden wir total gut.

DIN Deutsches Institut für Normung e.V.

Guten tag Herr Chef
meine Schwester sagt ich
darf schreiben weil meine Omi
sagt mein Arbeitstisch wo
ich meine Aufgaben mache
und male ist genormt.
aber meine Schwester weis nicht
was das ist und Oma sagt
du kannst das erklären.
ich schreibe meine Strasse auf
dem umschlag.

Lilly

[redacted]

Dr.-Ing. Torsten Bahke
Direktor des DIN

DIN DEUTSCHES INSTITUT
FÜR NORMUNG E.V.

Lilly [redacted]

Berlin, 2011-04-20

Liebe Lilly,

danke für Deinen Brief. Leider komme ich erst jetzt dazu, Dir eine Antwort zu schreiben. Weil ich hier der Chef bin, muss ich mich nämlich um alles kümmern.

Wir haben hier ganz viele Männer und Frauen, die sich auf allen möglichen Gebieten auskennen. Einer kennt sich zum Beispiel total gut mit Schreibtischen aus. Der hat mir gesagt, dass es für Schreibtische, die in Schulen stehen und für Schreibtische, an denen Erwachsene sitzen, Normen gibt. So heißen die Anleitungen bei uns.

Unsere Anleitungen muss niemand benutzen. Das tut man freiwillig. Das ist nicht wie bei den Gesetzen, die wir alle einhalten müssen. Aber jeder, der eine Norm von uns liest und danach zum Beispiel einen Schreibtisch baut, kann sich darauf verlassen, dass er das richtig macht. Wichtig ist uns immer, dass die Sachen, die nach unseren Normen gebaut werden, auch sicher sind, das heißt, dass sich da keiner wehtun kann.

Weil ich Deinen Schreibtisch zu Hause nicht kenne, kann ich Dir jetzt gar nicht sagen, ob der nach unserer Norm gebaut wurde. Aber in der Schule sitzt Du ja ganz bestimmt an einem Schreibtisch nach DIN-Norm. Da kannst Du mal die beiden vergleichen!

Freundliche Grüße [redacted]

Torsten

Burggrafenstraße 6 · 10787 Berlin
Telefon 030[redacted] · Telefax 030[redacted]
E-Mail [redacted]

Kommentar

Lillys Brief und Torstens Antwort haben wir später auf der Rückseite der DIN-Mitteilungen vom Juni 2011 wiedergefunden. Der Chef zeigt damit seinen Mitarbeitern, dass man Briefe und Fragen beantworten sollte – auch die von Kindern.

Charité

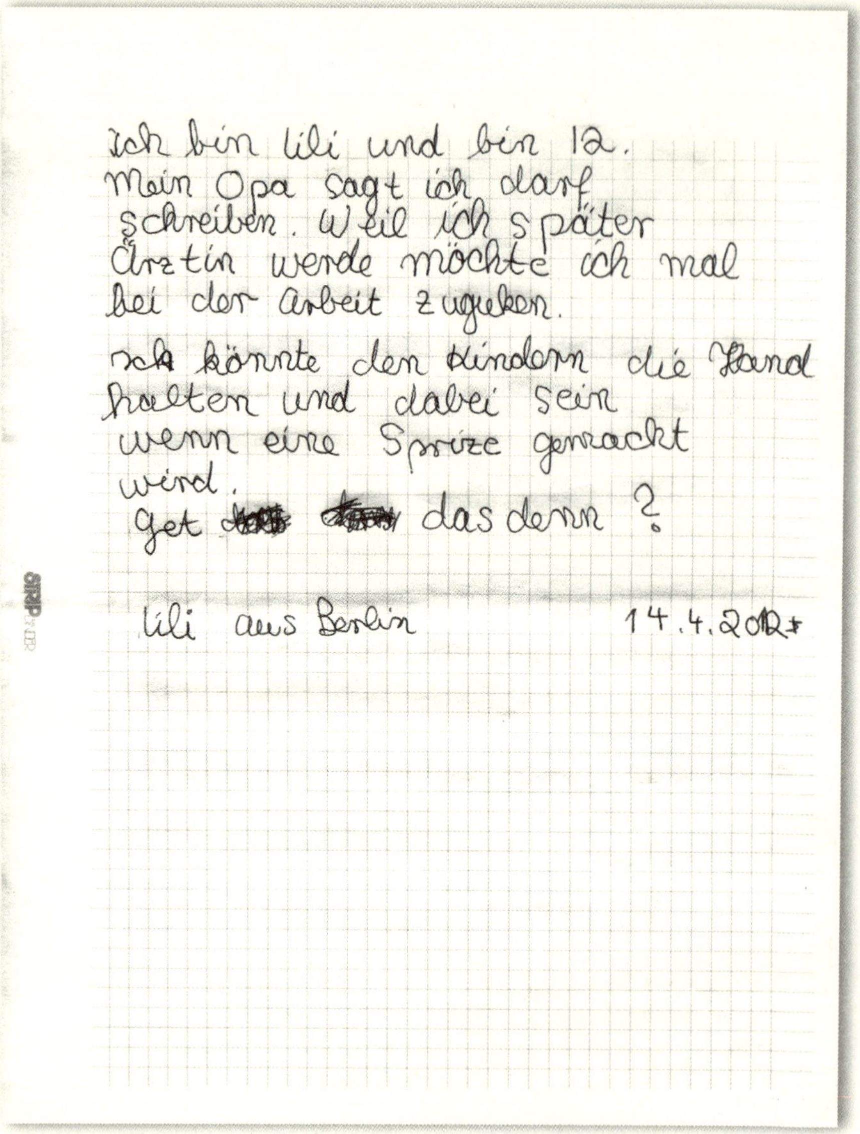

Ich bin Lili und bin 12.
Mein Opa sagt ich darf schreiben. Weil ich später Ärztin werde möchte ich mal bei der Arbeit zuguken.
Ich könnte den Kindern die Hand halten und dabei sein wenn eine Sprize gemacht wird.
Get das denn?

Lili aus Berlin 14.4.2012

CHARITÉ

CharitéCentrum für Frauen-, Kinder- und Jugendmedizin mit Perinatalzentrum und Humangenetik

Charité | Campus Virchow-Klinikum | 13344 Berlin

Lili [redacted]

[redacted]

Tel.(004930) [redacted]
Fax (004930)

[redacted]
www.charite.de

Datum: 25. April 2012

Dein Brief vom 14. April 2012

Liebe Lili,

wir haben uns sehr über Deinen Brief gefreut und finden es toll, dass Du schon so genau weißt, was Du später einmal werden möchtest.
Gern darfst Du uns einmal besuchen kommen und Dir so ein Krankenhaus von innen ansehen. Unsere Schwester [redacted] aus der Kinderrettungsstelle ist gerne bereit, sich für dich ein bisschen Zeit zu nehmen und Dir alles zu zeigen. Ob Du auch mit einem Arzt oder einer Ärztin sprechen kannst, können wir Dir noch nicht versprechen, aber Schwester [redacted] weiß auch über alles ganz genau Bescheid und kann Dir Deine Fragen sicher beantworten.

Bitte verabrede mit Schwester [redacted] am besten selbst einen Termin. Du kannst sie einfach anrufen (am besten werktags zwischen 9 und 15 Uhr), sie weiß schon Bescheid und kennt Deinen Brief. Ihre Telefonnummer ist die [redacted]. Du kannst ihr auch eine E-Mail schreiben, dann ist es diese Adresse: [redacted]

Wir wünschen dir viel Spaß bei uns!

Herzliche Grüße

[redacted]

CHARITÉ - UNIVERSITÄTSMEDIZIN BERLIN
Gliedkörperschaft der Freien Universität Berlin und der Humboldt-Universität zu Berlin
Augustenburger Platz 1 | 13353 Berlin | Telefon +49 30 450-50 | www.charite.de

NAJU Bundesgeschäftsstelle

mein Bruder sagt ich darf
dir schreiben. Ich bin Lili und
will wissen ob es in der Stadt
auch Bienen gibt die Honig
machen. mein Bruder sagt es
gibt überale Bienen. Wer
kümmert sich um den
Honig.
Hast du ein Fleier dazu weil
mein Bruder meint zu
alles gibt es Fleier.
Lili aus Berlin am 14.4.2012

NAJU

NAJU Bundesgeschäftsstelle · Charitéstrasse 3 · 10117 Berlin

Referentin im Kinderbereich
[redacted]

Lili [redacted]

23.04.2012

Liebe Lili,

Danke für deinen Brief. Toll, dass du dich für die Bienen interessierst-das sind wirklich interessante Tiere!

In der Stadt leben auch Bienen. Bienen wohnen zusammen mit anderen Bienen als Volk in einem Bienenstock. Die Leute, die sich um die Bienen und den Honig kümmern heißen Imker. Die Imker haben auch in Berlin viele Bienenstöcke auf den Dächern oder in Parks aufgestellt.

Dein Bruder hat Recht - es gibt überall Bienen. Und das ist auch gut so, denn die Bienen sind sehr wichtig für den Menschen und die Tiere. Die Bienen sorgen zum Beispiel dafür, dass sich eine Apfelblüte zu einem richtigen Apfel entwickelt, indem sie die Blüte bestäuben. Ohne die Biene würden viele Pflanzen also keine Früchte und Samen tragen können, die Menschen und Tiere doch so gerne essen.

Wenn du dich weiter mit der Biene beschäftigen willst, dann haben wir genau das Richtige für dich: den **„Erlebten Frühling"** (siehe Flyer) . Deine Eltern können dazu ein Heft voll mit Aktionen zur Honigbiene und anderen Frühlingsboten bestellen.

Viel Spaß mit den Mterialien wünscht dir deine NAJU!

[redacted]

NAJU
Bundesgeschäftsstelle

Anschrift
Charitéstraße 3
10117 Berlin

Tel.: 030 / [redacted]
Fax: 030 /

Web: www.NAJU.de
E-Mail: [redacted]

Referentin im Kinderbereich:
[redacted]

Bankverbindung:
NAJU im NABU e.V.
Bank für Sozialwirtschaft Köln
Kto: 81 62 500
BLZ: 370 205 00

Spendenkonto:
Bank f. Sozialwirtschaft Köln
Kto: 81 62 501
BLZ: 370 205 00

Die NAJU Naturschutzjugend ist als Träger der freien Jugendhilfe gemäß § 75 KJHG anerkannt. Die NAJU Naturschutzjugend ist Mitglied im Deutschen Bundesjugendring und bei Youth and Environment Europe (YEE) und open-the-world-de.

Kommentar

Die NAJU Bundesgeschäftsstelle hat alle Fragen von Lili beantwortet, mit weiteren Informationen bestückt und das Interesse von Lili geweckt, noch mehr über die Bienen zu erfahren.

Stiftung Warentest

☺

ich bin Lili und ich bin 11
und bald 12. Opi hat gesagt
ich darf schreiben.
Ich will wissen ob man auch
Mamis und Papis testen kann.
Ich will so einen test machen.
Opi sagt das gibt es nicht.
Aber Opi ist nicht
modern. Wenn ich einen test
mache weis ich ob ich später
mal dan arbeite oder Mami
bin. Opi sagt man kann
Mami sein und arbeiten.
Meine Mami ist nur Mami
und immer bei Opi und mir.
Schickst du mir einen test,
Lili aus Berlin am 14. 4. 2012

Stiftung Warentest

Stiftung Warentest | Postfach 30 41 41 | 10724 Berlin

Fräulein
Lili [redacted]

Bereich Marketing,
Leserservice und Vertrieb

[redacted]

18. April 2012

Deine Zuschrift vom 14. April 2012

Hallo Lili,

vielen Dank für deinen Brief.

Dein Opi hat Recht. Einen Test von Mamis und Papis haben wir tatsächlich noch nie gemacht. Was denkst du, sollten wir in so einen Test aufnehmen? Ich glaube, es ist ganz schön schwierig herausfinden wer eine „sehr gute" Mami oder nur eine „befriedigende" Mami (oder natürlich Papi) ist. Alle Eltern wollen doch schließlich nur das Allerbeste für Ihre Kinder.

Ich glaube du musst dir heute noch nicht überlegen, ob die später mal nur Mami sein willst oder ob du Mami bist und außerdem auch arbeiten gehst. Ich bin auch Mami einer 11 Jahre alten Tochter. Sie heißt Paula. Ich gehe außerdem jeden Tag von 9 bis 15 Uhr bei der Stiftung Warentest arbeiten. Es macht mir viel Spaß, die vielen verschiedenen Fragen der Leser zu beantworten. Aber ich sehe auch zu, dass ich jeden Tag rechtzeitig nach Hause komme, um Paula am Nachmittag bei den Hausaufgaben zu helfen, mit ihr zu erzählen und ihr abends etwas Leckeres zu Essen zu kochen. Am Wochenende machen wir zusammen mit Papa schöne Ausflüge und verbringen viel Zeit miteinander. Du siehst, man kann Mami sein und gleichzeitig arbeiten gehen. Paula findet es inzwischen auch gut, nach der Schule ein, zwei, manchmal auch 3 Stunden allein zu sein um das zu tun was sie gerne möchte. Wenn sie etwas mit ihren Freundinnen unternehmen will, sprechen wir uns ab. Es gibt ja schließlich Handys und wir telefonieren oft miteinander wenn ich noch in der Arbeit bin.
Als ich Kind war, hat meine Mami auch nicht gearbeitet und hatte immer Zeit für mich. Das war natürlich auch schön!

Stiftung Warentest
Postfach 30 41 41
10724 Berlin
Lützowplatz 11–13
10785 Berlin

Vorsitzender des Verwaltungsrats:
Prof. Dr. Karl-Heinz Fezer
Vorsitzender des Kuratoriums:
Dr. Günter Hörmann

Vorstand: Hubertus Primus
Bereichsleiter Untersuchungen
und Stellvertreter des Vorstands:
Dr. Holger Brackemann

Commerzbank AG
Konto-Nr. 0 870 099 900
BLZ 100 400 00
IBAN: DE 11 1004 0000 0870 0999 00
BIC: COBADEFFXXX

USt.-IdNr.: DE136725570

Seite 1 von 2

Stiftung Warentest

Du siehst, beide Möglichkeiten können schön und gut für alle Familienmitglieder sein. Du solltest erst mal fleißig in der Schule gehen und lernen, damit du später den Beruf ausüben kannst, der dir Spaß macht und mit dem du dein eigenes Geld verdienst.

Ich hoffe, ich konnte dir bei deinen Fragen etwas weiterhelfen, auch wenn es von der Stiftung Warentest keinen Test über Mamis und Papis gibt.

Mit lieben Grüßen
Leserservice „test“
[redacted]

Kommentar

Diesen Test hat die Stiftung Warentest mit Bravour bestanden. Die Mitarbeiterin spricht Lili direkt an, erzählt ihr von sich selbst und ihrem Leben mit ihrer Tochter. Sie macht Lili Mut, dass man als Mutter sehr wohl arbeiten kann und trotzdem viel Zeit mit seiner Familie verbringen kann. Sie zeigt Lili Möglichkeiten auf und ermutigt sie, diese schweren Gedanken ein wenig in die Zukunft zu schieben. Das Herz am Ende der Unterschrift unterstreicht die liebevolle Antwort.

ADAC

lieber Autopräsident
mein Opa hat gesagt ich
darf schreiben und du
~~be~~antwortest auch.
Wenn ich Autopräsident
wäre ~~würte~~ würde ich jeden
tag ein anderes Auto
nehmen und damit fahren.
Wiefiele Autos hast du ?

Ich bin Benny und bin bei
Opa und Oma weil Mami
und Papi weit weg arbeiten

meine Strasse schreibe ich
auf den Umschlag.

Benny

Benny [redacted]

ADAC

ADAC e.V. · Mitgliedschaft & Versicherungen · 81360 München

Benny [redacted]

4. April 2011
Mitglieder
Beratung und Betreuung
[redacted]
Tel. 089/[redacted]
Fax: 089/[redacted]
e-mail: [redacted]

Hallo Benny,

vielen Dank für Deinen netten Brief, den Du an den ADAC Präsidenten, Herrn Peter Meyer, gerichtet hast.

Unser Präsident, Herrn Peter Meyer, ist ehrenamtlich für den ADAC tätig und hat - sofern er die ADAC Zentrale hier in München besucht - einen Hol- und Bringservice.

Der private Fuhrpark unseres ADAC Präsidenten ist uns leider auch nicht bekannt.

Als Automobilclub hat der ADAC die Aufgabe, seinen Mitgliedern nach einer Panne oder einem Unfall zu helfen. Dazu stehen unseren "Gelben Engeln" entsprechend ausgerüstete Pannenfahrzeuge zur Verfügung. Sicher hast Du schon mal so ein gelbes ADAC Auto fahren sehen - das war dann wahrscheinlich gerade im Einsatz.

Wir freuen uns von Dir gehört zu haben und wünschen Dir, Deinem Opa und Deiner Oma alles Gute.

Viele Grüße aus München vom

ADAC Mitgliederservice

[redacted]

722 277 1/11.10/350'

Bitte beachten Sie die Rückseite!

George Clooney bzw. NESPRESSO

Lieber Herr Clooney,

meine Freundinnen und ich wir sind 13 und würden gerne wissen, wo der nächste Clip für die Werbung gedreht wird. Wir würden gerne dabei sein und zuschauen. Wir wollen später Models werden und Schauspielerinnen und wir finden die Werbung super cool. Meine Schwester hat eine Maschine von dir und hat mir die Adresse gegeben.

Mit freundlichen Grüßen

Lilly [redacted]

[redacted]

Lilly [redacted]

Düsseldorf, 25. November 2010

Liebe Lilly,

vielen Dank für Deinen tollen Brief.

Wir haben uns sehr darüber gefreut, dass Dir die neue George Clooney Werbung offensichtlich so gut gefällt, dass Du bei dem nächsten Dreh gerne mit Deiner Freundin zuschauen würdest.

Leider können und dürfen wir Dir noch nicht verraten, ob es einen neuen Film geben wird. Wir hoffen auf Dein Verständnis, dass dies eine Überraschung bleiben muss und wir dazu noch keine Informationen weitergeben dürfen.

Wir drücken Dir und Deiner Freundin aber trotzdem ganz fest die Daumen, dass es mit Eurer Karriere als Model und/oder Schauspielerinnen klappt!

Liebe Grüße aus Düsseldorf sendet Dir das

NESPRESSO Club Team

[redacted]

NESPRESSO Club

NESPRESSO DEUTSCHLAND GMBH · ZOLLHOF 8 · GRAND BATEAU · 40221 DÜSSELDORF · TEL. 0800-18 18 444 · FAX 0800-18 18 400 · www.nespresso.com
GESCHÄFTSFÜHRER: HOLGER FELDMANN · AMTSGERICHT DÜSSELDORF HRB 49209

D. Antworten aus der Politik

1. Merkel, Gabriel, Westerwelle – fehlt die Übung oder das Interesse?

Von den vier angeschriebenen politischen Parteien verweigerte nur eine die Antwort: Bündnis 90/Die Grünen. CDU, SPD und FDP haben reagiert – auf durchaus unterschiedliche Weise. Das Schreiben aus dem Konrad-Adenauer-Haus schneidet am besten ab, weil es Lily und ihre Frage in den Mittelpunkt stellt. SPD und FDP interessieren sich mehr für sich selbst.

CDU

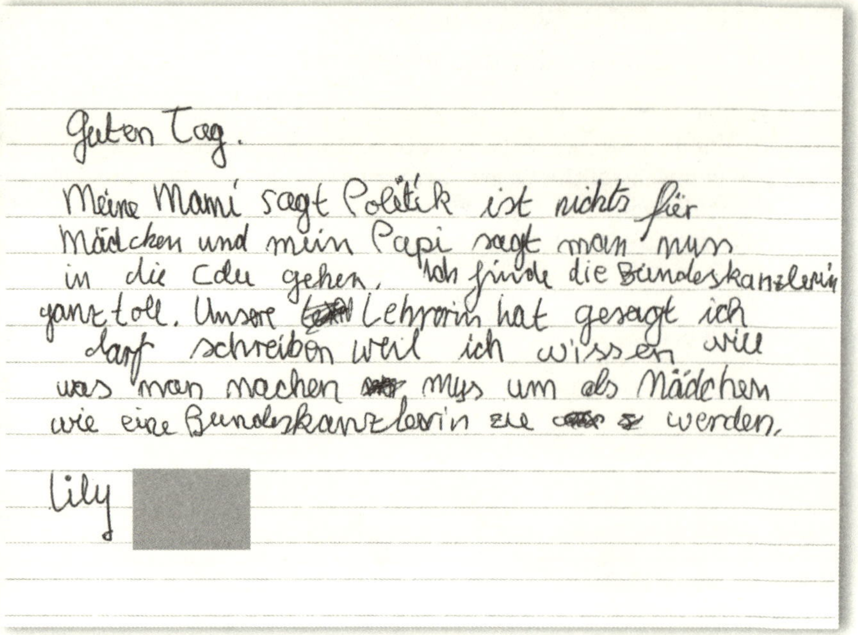
Guten Tag.
Meine Mami sagt Politik ist nichts für Mädchen und mein Papi sagt man muss in die Cdu gehen. Ich finde die Bundeskanzlerin ganz toll. Unsere Lehrerin hat gesagt ich darf schreiben weil ich wissen will was man machen muss um als Mädchen wie eine Bundeskanzlerin zu werden.
Lily [redacted]

„Guten Tag. Meine Mami sagt Politik ist nichts für Mädchen und mein Papi sagt man muss in die CDU gehen. Ich finde die Bundeskanzlerin ganz toll. Unsere Lehrerin hat gesagt ich darf schreiben weil ich wissen will was man machen muss um als Mädchen wie eine Bundeskanzlerin zu werden. Lily“

Kommentar

Der persönliche Referent der CDU-Vorsitzenden beginnt in bester bürokratischer Manier, besinnt sich dann aber darauf, mit wem er es zu tun hat. Das Bemühen um Formulierungen, die für ein Kind verständlich sind, ist nicht zu verkennen; das Bestreben, den Brief schnell abzuarbeiten aber auch nicht. Die signierte Autogrammkarte nahm Lily gerne an, schließlich hatte sie sich als Merkel-Fan geoutet.

CDU

DIE VORSITZENDE
Persönlicher Referent

Frau
Lily [redacted]

Berlin, 24. November 2010

Liebe Lily,

für Dein Schreiben an Frau Dr. Merkel, das wir am 10. November 2010 erhalten haben, danke ich Dir.

Die Bundeskanzlerin hat sich über Deine freundlichen Worte des Zuspruchs sehr gefreut und mich gebeten, Dir dafür einen herzlichen Dank auszurichten.

Um Bundeskanzlerin zu werden, muss man vom Bundestag, unserem Parlament, gewählt werden. Manche Menschen denken, die Bundeskanzlerin oder der Bundeskanzler wird bei den Bundestagswahlen gewählt. Das stimmt so nicht. Wir wählen nur die Menschen im Bundestag die uns dort vertreten (deshalb heißen sie auch Volksvertreter). Denn wir können ja nicht alle im Bundestagsgebäude sein und mitreden. Diese Abgeordneten wählen dann als unsere Vertreterinnen und Vertreter für uns die Bundeskanzlerin. Ich weiß, dass das ganz schön kompliziert ist, aber das wirst Du in der Schule ganz bestimmt noch lernen.

Anbei sende ich Dir eine von Frau Dr. Merkel für Dich signierte Autogrammkarte zu.

Mit freundlichen Grüßen

[redacted]

CDU Deutschlands
Klingelhöferstraße 8
10785 Berlin

Telefon 030 [redacted]
Telefax 030 [redacted]

info@cdu.de
www.cdu.de

SPD

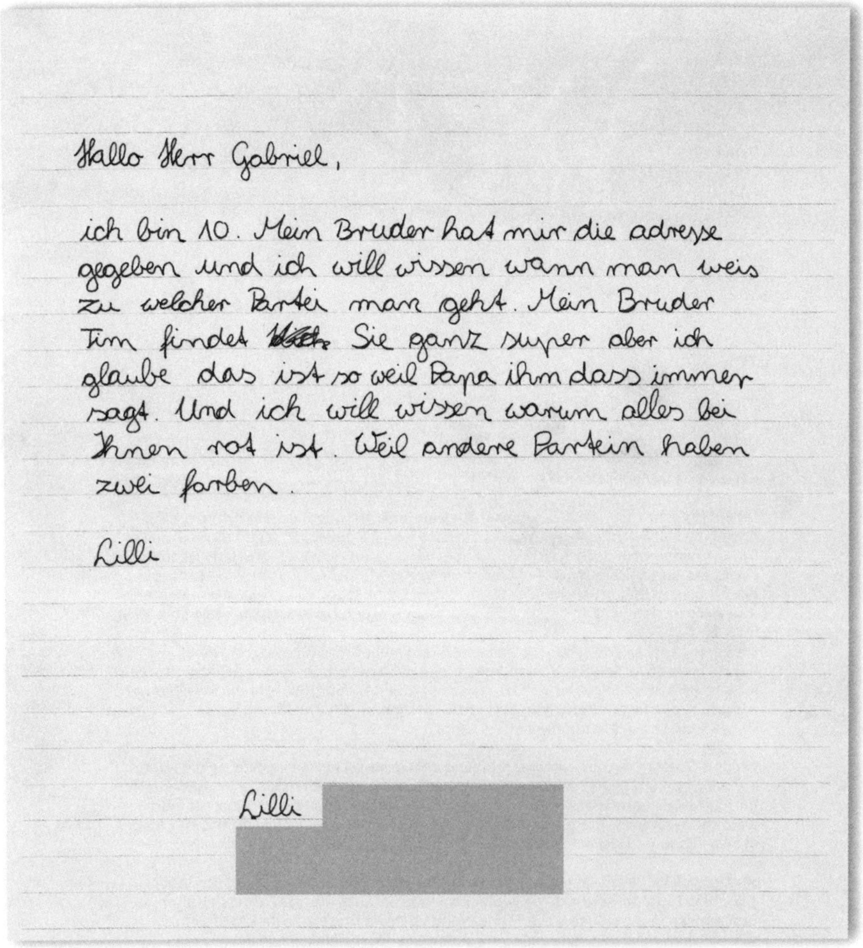

Hallo Herr Gabriel,

ich bin 10. Mein Bruder hat mir die adresse gegeben und ich will wissen wann man weis zu welcher Partei man geht. Mein Bruder Tim findet Sie ganz super aber ich glaube das ist so weil Papa ihm dass immer sagt. Und ich will wissen warum alles bei Ihnen rot ist. Weil andere Partein haben zwei farben.

Lilli

Lilli [redacted]

„Hallo Herr Gabriel, ich bin 10. Mein Bruder hat mir die adresse gegeben und ich will wissen wann man weis zu welcher Partei man geht. Mein Bruder Tim findet Sie ganz super aber ich glaube das ist so weil Papi ihm dass immer sagt. Und ich will wissen warum alles bei Ihnen rot ist. Weil andere Parteien haben zwei farben.

Lilli"

Sigmar Gabriel
Vorsitzender der Sozialdemokratischen Partei Deutschlands

SPD

Schülerin
Lilli [redacted]

21. Februar 2011

Liebe Lilli [redacted]

habe vielen Dank für Deinen sympathischen Brief, der mich am 7. Februar erreicht hat.

Du willst wissen, warum die Farbe der Sozialdemokratie „Rot" ist. Die historische Antwort ist vielleicht etwas schwierig zu verstehen für einen so jungen Menschen wie Dich, weil man schon ein bisschen Bescheid wissen muss über die deutsche Geschichte. Weißt Du zum Beispiel, was die „Arbeiterbewegung" war? Ich glaube, das kommt in der Schule erst später. Ich versuch Dir trotzdem Deine Frage zu beantworten. Vielleicht musst Du Deinen Papa oder Deinen Bruder fragen, wenn Du hier etwas nicht verstehst.

Die Farbe „Rot" spielte schon in den frühen Tagen der Arbeiterbewegung eine bedeutende Rolle. Bereits seit den Aufständen der Arbeiter der Lyoner Seidenindustrie im Jahr 1834 demonstrieren die französischen Arbeiter mit roten Fahnen. Rote Fahnen wehten in den folgenden Jahren bei vielen Kundgebungen und Streiks sowie Protestaktionen in ganz Europa.

Bei den Gegnern der Sozialdemokratie und der Gewerkschaften weckte sie die Furcht vor der angekündigten Revolution, also davor, dass die bestehenden undemokratischen Verhältnisse zugunsten von Volksherrschaft, Meinungs- und Pressefreiheit abgelöst werden. Davor hatte das gutsituierte Großbürgertum Angst. Die rote Fahne war also ein Art "Bürgerschreck".

Als Symbol der Revolution wurde die Farbe Rot in den Revolutionsjahren um 1848 sowohl in Form der schwarz-rot-goldenen Fahne als auch als rote Fahne getragen, beschrieben und besungen. Die Fahnen (und auch die rote Nelke im Knopfloch) symbolisierten die internationale Verbundenheit der sozialistischen Bewegung.

Willy-Brandt-Haus Berlin | Wilhelmstraße 141 | 10963 Berlin | Tel: 030 25991-0 | www.spd.de

- 2 -

Als am 23. Mai 1863 in Leipzig der Allgemeine Deutsche Arbeiterverein" (ADAV), der Vorläufer der SPD, gegründet wurde, waren auch die Fahnen der Versammlung rot. Die Fahne des ADAVs trug zudem die Aufschrift: „Freiheit, Gleichheit, Brüderlichkeit. Einigkeit macht stark." Zusätzlich zeigte sie zwei verschlungene Hände. Sie wurde zur Traditionsfahne der SPD.

Allerdings wurde die rote Fahne in der Weimarer Zeit, also zwischen 1918 und 1933, vor allem zum Symbol der Kommunisten. Die Sozialdemokraten versammelten sich mit den bürgerlichen Verteidigern der Republik unter der schwarz-rot-goldenen Fahne, die zur Staatsflagge erhoben worden war. Die rote Fahne wurde nur noch innerhalb der Partei benutzt.

Auch in der Bundesrepublik galt die rote Fahne als kommunistisches Zeichen. Nach negativen Presseberichten über den SPD-Wahlkongress 1953, bei dem 104 rote Parteifahnen gezeigt worden waren, sah die Parteiführung die Gefahr, dass es diese Symbolik den politischen Gegnern erleichtern würde, die Sozialdemokraten in einen Topf mit den Kommunisten zu werfen.

Zwar erklärte der Vorstand: „Für die SPD und die Parteien der Sozialistischen Internationale ist die rote Fahne das Wahrzeichen der Glaubenskräfte des freiheitlichen demokratischen Sozialismus. Die rote Fahne ist aus traditionellen, politischen und menschlichen Gründen unlöslich mit dem Sozialismus verbunden. Auch ihr Missbrauch durch die Kommunisten und die Faschisten setzt ihren Wert als Symbol des demokratischen Sozialismus nicht herab."

Doch seit Beginn der sechziger Jahre wird auf den Parteitagen nur die Traditionsflagge gezeigt.

Jetzt willst Du noch wissen, wann man weiß zu welcher Partei man gehört. Ich selbst war zum Beispiel als Heranwachsender Mitglied in der SPD-nahen Jugendorganisation Die Falken (SJD). Da hab ich viel gelernt über Gerechtigkeit und Solidarität. Wir haben Zeltlager gemacht, zusammen diskutiert und gesungen – das hat mir sehr gut gefallen. Deshalb wusste ich früh, wohin ich politisch gehöre. Das ist aber nur eine Möglichkeit von vielen. Man muss wohl entscheiden, was einem besonders wichtig ist, wie zum Beispiel, dass alle Kinder das gleiche Recht auf Bildung haben, egal wieviel Geld ihre Eltern besitzen (das ist mir zum Beispiel wichtig) und dann schauen, welche der politischen Parteien die eigene Auffassung am besten vertritt.

Ich finde es super, wenn junge Leute so engagiert, offen, frech und wissbegierig sind wie Du, und will Dich gerne bestärken, es zu bleiben. Ich würd mich freuen, wenn Du, Dein Bruder und Dein Vater, gerne aber auch Freundinnen und Freunde von Dir uns mal im Willy-Brandt-Haus besuchen kommt. Ich werde dann eine Führung durch den Besucherdienst veranlassen.

Mit freundlichen Grüßen

Sigmar Gabriel

Sigmar Gabriel

Kommentar

Der SPD-Vorsitzende Sigmar Gabriel hat persönlich unterschrieben. Entworfen hat die Antwort offenbar ein sozialdemokratischer Oberlehrer. Lilli ist aus dem Gähnen nicht herausgekommen – oder hat nach dem ersten Absatz aufgehört zu lesen. Wie die Traditionsfahne der SPD aussieht, wollte sie nicht wissen. Besonders informativ der Absatz mit dem langen Zitat des SPD-Parteivorstandes; freilich ohne Quellenhinweis auf einen Parteitagsbeschluss vom Soundsovielten. Aber immerhin – eine Einladung in das Willy-Brandt-Haus hat sie bekommen.

FDP

Guten Tag,

ich heisse manuel und bin 13.
mein Papi sagt immer die Partei
fdp ist gut und mami sagt ich bin
zu klein und mein Bruder Peter sagt ich
soll schreiben weil ihr habt Sachen für
Kinder. Ich bin gut in der Schule
und habe eine eins im rechnen und
schrift ein Minus.
Wir wohnen bei Onkel Beny im Haus
weil wir nicht mehr nach Titisee fahren.
Bitte alles an Beny schicken für

Manuel

[redacted]

[redacted]

Büro Dr. Guido Westerwelle, MdB
Bundesvorsitzender der FDP

An Manuel
[redacted]

Berlin, 9. November 2010

Lieber Manuel,

vielen Dank für Dein Schreiben an Herrn Dr. Guido Westerwelle, MdB.

Herr Dr. Westerwelle kommt Deinem Wunsch nach ein paar Werbeartikel gern nach.
Du findest sie anbei.

Herzliche Grüße

[redacted]

Anlage

Freie Demokratische Partei - Thomas-Dehler-Haus - Reinhardtstraße 14 - 10117 Berlin
[redacted]

Kommentar

Diese Antwort steht unter dem einzigen Motto „erledigt“ – trotz des Pakets mit einem blau-gelben Kinderrucksack (im Nespresso-Karton), den Manuel durchaus „cool“ fand. Die „Werbeartikel“ in allen Ehren – ein Autogramm oder ein/zwei kindgerechte Zeilen zur FDP hätten nicht geschadet. Zumal Papi, Mami und der Bruder den Antwortbrief auch sehen werden.

Jürgen Trittin, Fraktionsvorsitzender Bündnis 90/Die Grünen

hallo Herr Chef von den Grünen.
Ich bin Lili und möchte
gerne wisen warum man
das nicht so machen kann
das alle Politiker mit dem
Rad fahren. Du fährst damit
das hat mir mein Bruder
Ben gesagt und hat mir Deine
Adresse gesagt.
Ich will auch wisen ob Du
auch einen Helm aufzien
must. Schreibst du mir ?

Ich wohne lili [redacted]

Jürgen Trittin

Mitglied des Deutschen Bundestages
Fraktionsvorsitzender
Bündnis 90/Die Grünen

Jürgen Trittin, MdB ★ Platz der Republik 1 ★ 11011 Berlin

Lili [redacted]

Politiker sollen Radfahren

Liebe Lili,

vielen Dank für deinen netten Brief.

Ja ich versuche möglichst häufig mit dem Fahrrad zu fahren, wie viele andere Politiker auch. Manchmal ist dies aber leider nicht möglich. So müssen wir ja häufig weite Strecken in kurzer Zeit zurücklegen. Nach Göttingen in meinen Wahlkreis fahre ich daher auch mit dem Zug und nicht mit dem Rad.

Manchmal habe ich auch wichtige Termine zum Beispiel mit der Bundeskanzlerin oder einem wichtigen Staatsgast. Dann muss ich Anzug und Krawatte tragen und wenn es regnet, kann man dann schlecht das Fahrrad benutzen.

Ich sollte eigentlich immer einen Helm tragen und tue dies auch immer öfter.

Mit freundlichen Grüßen

Büro Berlin
Platz der Republik 1
11011 Berlin

☎ +49 30 [redacted]
🖷 +49 30 [redacted]
[redacted]

Wahlkreis- und Regionalbüro
Lange Geismar Str. 73
37073 Göttingen

☎ +49 551 531- [redacted]
🖷 +49 551 531 [redacted]
[redacted]

www.trittin.de

OD
25. Juni 2012

Kommentar

Ein zwar kurzer, aber netter Brief, über den sich Lili gefreut hat.

Frank-Walter Steinmeier, SPD-Fraktionsvorsitzender

Hallo Herr Fraktionschef SPD
Ich bin Lili und möchte
gerne wissen ob ich einmal
einen Tag bei deiner Arbeit
dabei sein darf. Ich bin 12
und mein Bruder ist 14.
Ben findet Politik doof ich
nicht. Musst du immer
lange arbeiten. In den Ferien
kann ich kommen.

Schreibst du mir.

Ich bin lili lang
und wohne

[redacted]

DR. FRANK-WALTER STEINMEIER
MITGLIED DES DEUTSCHEN BUNDESTAGES
VORSITZENDER DER SPD-BUNDESTAGSFRAKTION

SPD BUNDESTAGS FRAKTION

SPD-BUNDESTAGSFRAKTION PLATZ DER REPUBLIK 1 11011 BERLIN

An
Lili [redacted]

Berlin, den 28. Juni 2012

Liebe Lili,

vielen Dank für Deinen Brief, über den ich mich sehr gefreut habe. Es ist schön, dass Du Dich schon so früh für Politik interessierst. Und wer weiß, vielleicht gelingt es Dir ja auch noch, Deinen Bruder anzustecken? Denn Politik ist nicht doof, da hast Du völlig Recht!

Gern helfen wir Dir dabei, einmal einen Tag hinter die Kulissen der Politik zu schauen. Das Problem ist, dass viele unserer Angebote sich an Jugendliche richten, die noch ein wenig älter sind als Du. Wir veranstalten zum Beispiel einmal im Jahr einen „Girls Day", in dem junge Mädchen die Abgeordneten begleiten dürfen. Dafür muss man allerdings 15 Jahre alt sein. Bei uns in der SPD-Fraktion kann man außerdem ein Praktikum machen, aber auch dafür sollte man in der 9. oder 10. Klasse sein. Ein wenig warten musst Du also noch, wenn Du an einem dieser Projekte teilnehmen möchtest – aber wenn es dann soweit ist, unterstützen wir Dich gern!

Wenn Du aber so lange nicht warten möchtest, haben wir hier noch zwei Vorschläge: Vielleicht möchtest Du ja mit Deinen Eltern zusammen einmal die Kuppel im Reichstag besuchen. Wendet Euch einfach an mein Büro (Tel. [redacted]), meine Mitarbeiter organisieren das gern. Oder Du fragst bei meiner Kollegin Petra Merkel, MdB nach – Frau Merkel ist als Bundestagsabgeordnete für Steglitz-Zehlendorf zuständig und hat vielleicht auch noch eine Idee, wie wir Deinen Wunsch erfüllen können. Frau Merkel erreichst Du unter der Telefonnummer [redacted].

POSTANSCHRIFT PLATZ DER REPUBLIK 1 11011 BERLIN TELEFON (030)[redacted] TELEFAX (030)[redacted]
E-MAIL[redacted]

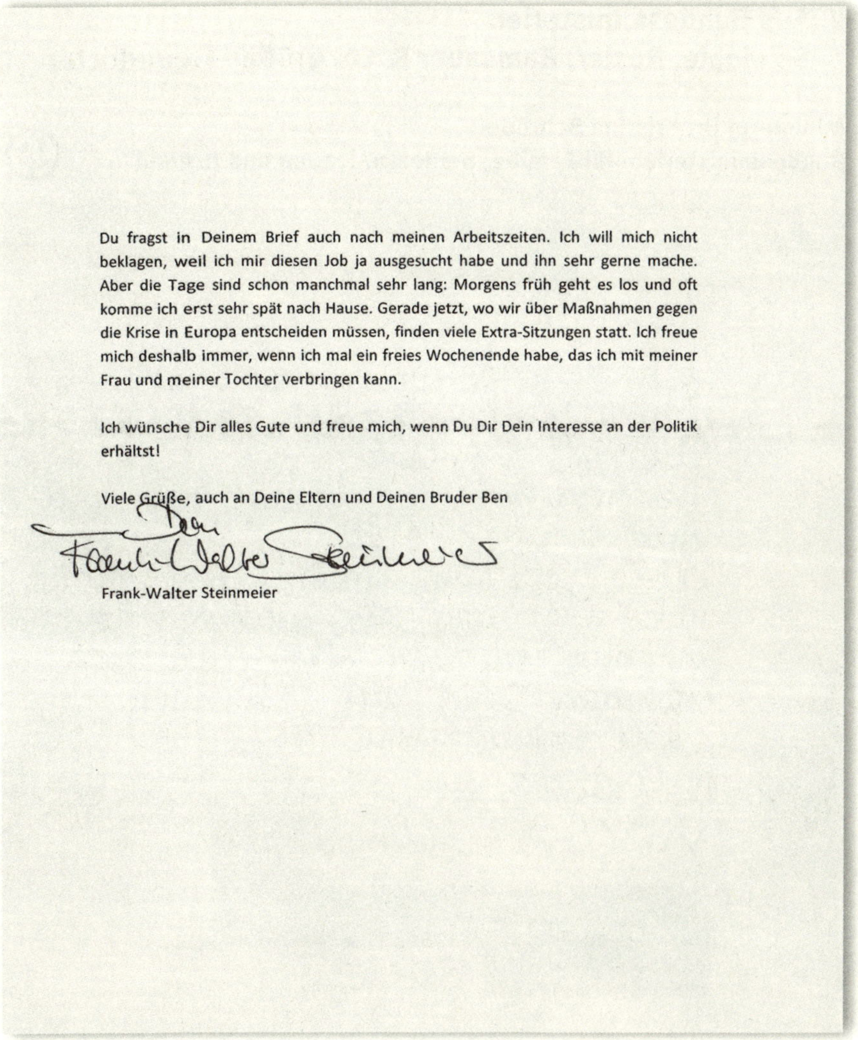

Du fragst in Deinem Brief auch nach meinen Arbeitszeiten. Ich will mich nicht beklagen, weil ich mir diesen Job ja ausgesucht habe und ihn sehr gerne mache. Aber die Tage sind schon manchmal sehr lang: Morgens früh geht es los und oft komme ich erst sehr spät nach Hause. Gerade jetzt, wo wir über Maßnahmen gegen die Krise in Europa entscheiden müssen, finden viele Extra-Sitzungen statt. Ich freue mich deshalb immer, wenn ich mal ein freies Wochenende habe, das ich mit meiner Frau und meiner Tochter verbringen kann.

Ich wünsche Dir alles Gute und freue mich, wenn Du Dir Dein Interesse an der Politik erhältst!

Viele Grüße, auch an Deine Eltern und Deinen Bruder Ben

Frank-Walter Steinmeier

Kommentar

Frank-Walter Steinmeier kann Lilis Wunsch, ihn einen Arbeitstag lang zu begleiten, nicht erfüllen. Das geht in Ordnung; allerdings hätte sich Lili eine kleine Erklärung gewünscht, warum es nicht möglich ist. Sie wird aber getröstet mit anderen Ideen und einer Einladung zur Besichtigung des Reichstagsgebäudes.

2. Aus Bundesministerien
Schäuble, Rösler, Ramsauer & Co. grüßen freundlich

Ministerin Dr. Kristina Schröder,
Bundesministerium für Familie, Senioren, Frauen und Jugend

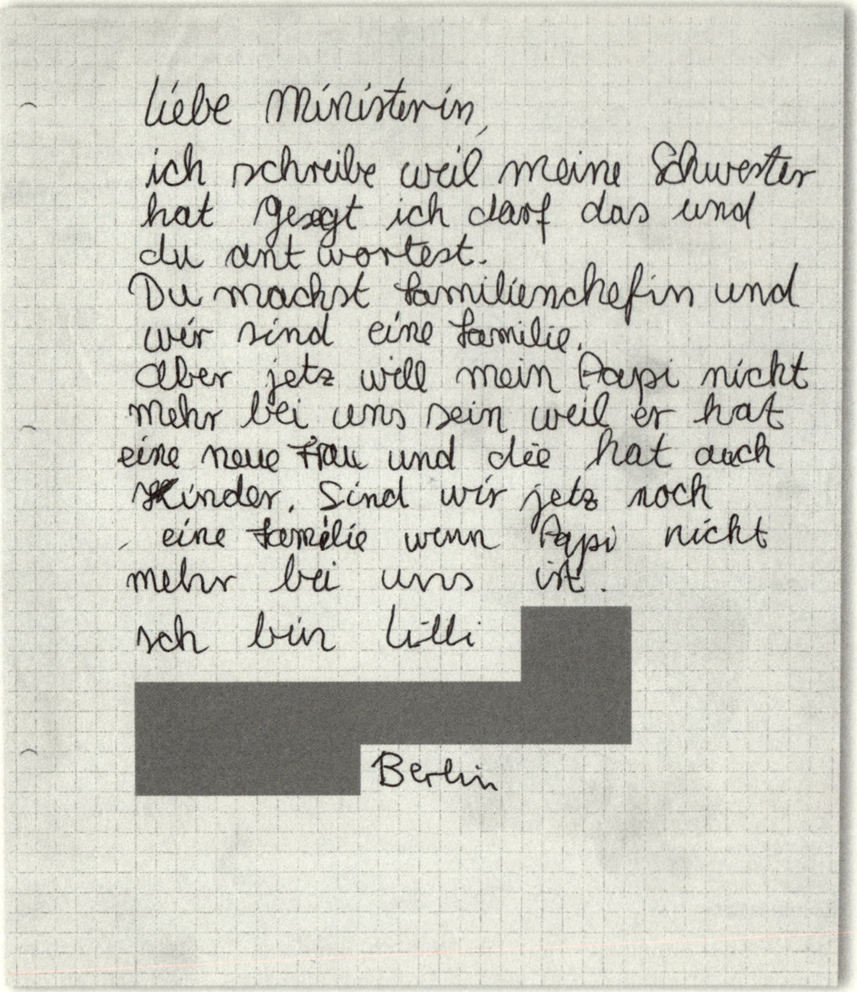

liebe Ministerin,

ich schreibe weil meine Schwester hat gesagt ich darf das und du ant wortest.
Du machst Familienchefin und wir sind eine Familie.
Aber jetz will mein Papi nicht mehr bei uns sein weil er hat eine neue Frau und die hat auch Kinder. Sind wir jetz noch eine Familie wenn Papi nicht mehr bei uns ist.
ich bin Lilli [redacted]

Berlin

Bundesministerium für Familie, Senioren, Frauen und Jugend

Dr. Kristina Schröder, MdB
Bundesministerin

Lilli [redacted]

HAUSANSCHRIFT Glinkastraße 24, 10117 Berlin
POSTANSCHRIFT 11018 Berlin

TEL +49 (0)30[redacted]
FAX +49 (0)30[redacted]
E-MAIL [redacted]
INTERNET www.bmfsfj.de

ORT, DATUM Berlin, den 13. APR. 2011

Liebe Lilli,

vielen Dank für Deinen lieben Brief. Leider ist Deine Frage gar nicht so einfach zu beantworten, aber ich versuche es einmal.

Manchmal haben Eltern viel zusammen durchgemacht, so dass sich ihre Liebe zueinander verändert hat; und manchmal ist es dann besser, wenn sie nicht mehr zusammen sind. Damit seid Ihr aber immer noch eine Familie, auch wenn diese sich nun verändert hat. Auch wenn die nächste Zeit vielleicht nicht ganz einfach für Dich wird, sollst Du mutig nach vorne schauen. Darum möchte ich Dir und Deiner Schwester einen kleinen Spruch an die Hand geben:

„Das Leben ist ein Wanderweg,
er führt durch Schluchten, Fels und Steg.
Die Schlucht ist tief, der Weg ist schmal,
doch Du, Du schaffst das allemal."

Liebe Grüße,
Deine

Kristina Schröder

Kommentar

Das war eine schwere Aufgabe! Angesichts der Qualität der Antwort ist nicht entscheidend, ob die Ministerin selbst den Brief formuliert hat. Beeindruckend: Da hat sich tatsächlich jemand aus dem Tagesgeschäft herausgezogen und den Kopf frei gemacht für eine kleine Lilli mit einem großen Problem. Ohne Pathos, aber einfühlsam, klar, verständlich, herzlich, nicht beschönigend und trotzdem Mut machend. Glückwunsch, Frau Ministerin Dr. Schröder.

Minister Dr. Wolfgang Schäuble, Bundesministerium der Finanzen

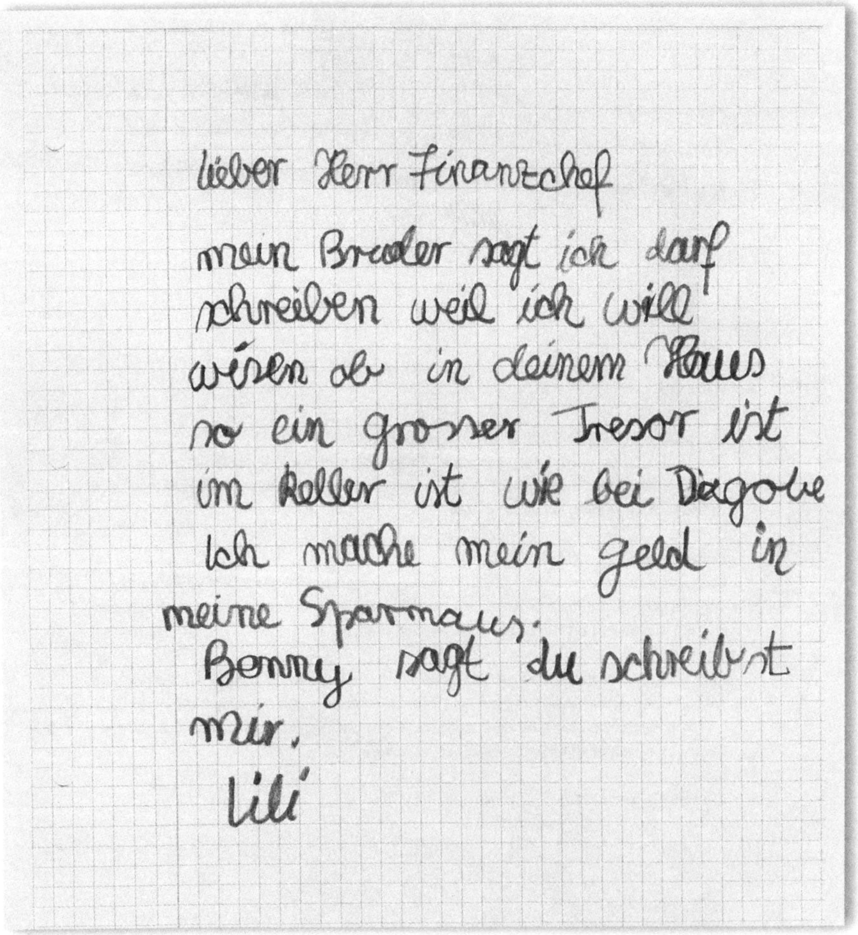
lieber Herr Finanzchef
mein Bruder sagt ich darf
schreiben weil ich will
wisen ob in deinem Haus
so ein grosser Tresor ist
im keller ist wie bei Dagobe
Ich mache mein geld in
meine Sparmaus.
Benny sagt du schreibst
mir.
Lili

„Lieber Herr Finanzchef

mein Bruder sagt ich darf schreiben weil ich will wisen ob in deinem Haus so ein grosser Tresor ist im keller ist wie bei Dagobert. Ich mache mein geld in meine Sparmaus.

Benny sagt du schreibst mir. Lili"

Bundesministerium der Finanzen

Leitungsstab
Referat Bürgerangelegenheiten

POSTANSCHRIFT Bundesministerium der Finanzen, 11016 Berlin

HAUSANSCHRIFT Wilhelmstraße 97, 10117 Berlin
TEL +49 (0) 30 [redacted]
FAX +49 (0) 30 [redacted]
E-MAIL [redacted]
DATUM 31. März 2011

Schülerin
Lili [redacted]

GZ 2011[redacted]
DOK 2011[redacted]
(bei Antwort bitte GZ und DOK angeben)

Hallo Lili,

vielen Dank für Deinen Brief an den Bundesminister der Finanzen Dr. Wolfgang Schäuble der hier am 28. März 2011 eingegangen ist. Er hat sich sehr über Deinen Brief gefreut. Jede Woche erhält er mehrere hundert Eingaben und kann sie daher nicht persönlich beantworten. Er hat mich beauftragt, Dir zu antworten.

Damit komme ich zu Deiner Frage:
Das Geld lagert in Deutschland in den Tresoren von Banken. Wo genau wie viel eingelagert wird, ist geheim. Ich finde es sehr lobenswert, dass Du auch einiges Geld in einer Sparmaus sparst. Dann kannst Du Dir später einen Wunsch erfüllen.

Zum Schluss will ich Dir noch verraten, dass Wolfgang Schäuble gerne mit Schülern spricht. Ab und zu besucht er auch Schulen. Vor einiger Zeit hat er in einer Grundschule in Berlin aus Märchen vorgelesen über Fußball, Handys und Gott. Manchmal besuchen auch Schulklassen das Bundesfinanzministerium, meistens ab 10. Klasse.

Mit freundlichen Grüßen

Im Auftrag

[redacted]

www.bundesfinanzministerium.de

Kommentar

Dem Bundesfinanzministerium fehlt nicht nur ein Komma, sondern auch ein Minister. Rein grammatikalisch hat das Bundesfinanzministerium in seiner Antwort an Lili seinen amtierenden Minister am 28. März 2011 im Amt ‚eingehen' lassen: „Hallo Lili, vielen Dank für Deinen Brief an den Bundesminister der Finanzen Dr. Wolfgang Schäuble der hier am 28. März 2011 eingegangen ist." Immerhin konnte sich der Minister über Lilis Brief noch sehr freuen. Dass er in Schulen über Fußball, Handys und Gott vorliest, wird Lili ihrer Lehrerin gerne erzählt haben.

Die Antwortschreiben aus den Ministerien und dem Bundespresseamt sind durchweg erfreulich. Das Brüderle-Ministerium bleibt die peinliche Ausnahme. Selbst unterschrieben haben die Antworten Philipp Rösler, damals noch Gesundheitsminister, der Verkehrsminister Peter Ramsauer und Regierungssprecher Steffen Seibert.

Minister Peter Altmaier

Bundesumweltminister Minister Peter Altmaier, am 22. Mai 2012 zum Bundesumweltminister berufen, bekam von Ben zwei Wochen nach Amtsantritt folgenden Brief:

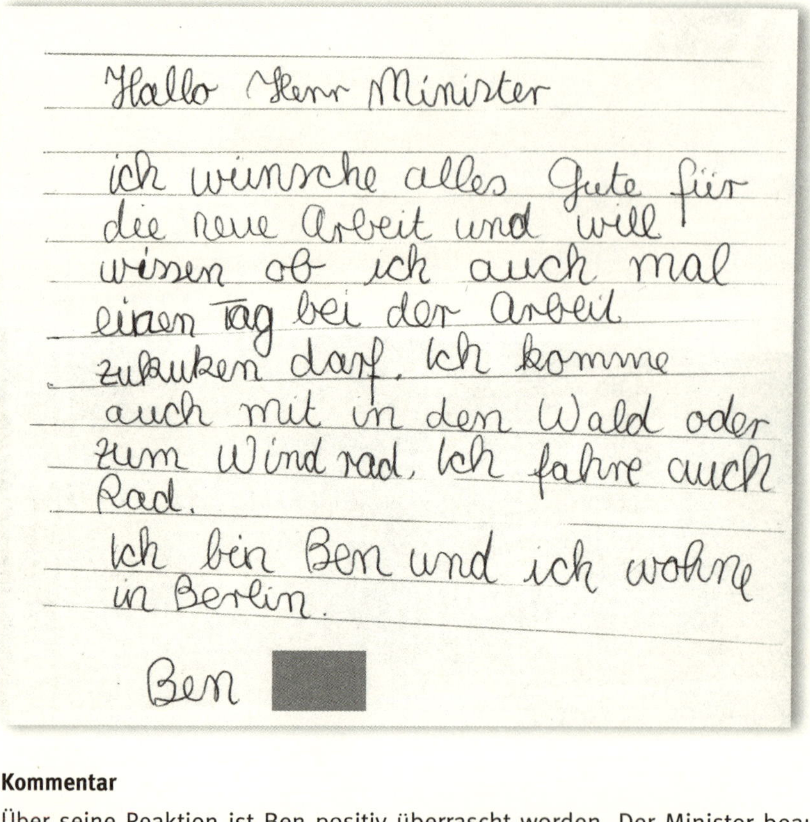

Hallo Herr Minister

ich wünsche alles Gute für die neue Arbeit und will wissen ob ich auch mal einen Tag bei der Arbeit zukuken darf. Ich komme auch mit in den Wald oder zum Windrad. Ich fahre auch Rad.

Ich bin Ben und ich wohne in Berlin.

Ben [redacted]

Kommentar

Über seine Reaktion ist Ben positiv überrascht worden. Der Minister beauftragte seinen Mitarbeiter, sich bei den Eltern telefonisch zu erkundigen, wie alt Ben sei und ihm die Möglichkeit, den Minister besuchen zu dürfen, in Aussicht zu stellen.

Minister Dr. Philipp Rösler,
angeschrieben als Bundesgesundheitsminister

Lieber Minister.
Ich habe eine Idee für Dein
Haus. Du machst Gesundheit
sagt meine Schwester und ich
finde da kann auch in dein
Haus ein Plaz wo man
Puppen wieder ganz macht.
meine Schwester Mia hat mir
den Brief geschrieben weil
ich noch nicht so schön
schreibe. Wie findest du meine
idee.
Ich bin Lili
Lili

Bundesministerium
für Gesundheit

Lili [redacted]

Dr. Philipp Rösler
Bundesminister

HAUSANSCHRIFT Rochusstraße 1, 53123 Bonn
POSTANSCHRIFT 53107 Bonn

TEL +49 (0)228 [redacted]
FAX +49 (0)228 [redacted]
E-MAIL [redacted]

Bonn, 2. Mai 2011

Liebe Lili,

ich freue mich, dass Du Dir schon so früh Gedanken über unser Gesundheitssystem machst. Sicher gibt es auch ganz viele Puppen und Kuscheltiere, die dringend eine liebevolle Behandlung benötigen. Ich möchte Dich aber zuerst um Verständnis dafür bitten, dass ich mich mit meinen Mitarbeitern im Bundesministerium für Gesundheit zuerst um die Menschen kümmern muss. Allerdings bemühe ich mich, wo ich kann, auch den kranken Puppen und Teddys eine angemessene medizinische Versorgung zu ermöglichen.

So habe ich zum Beispiel zum Tag der offenen Tür 2010 in Berlin das Teddykrankenhaus der Charité gebeten, allen kranken Puppen und Teddys an diesen beiden Tagen zu helfen. Einige Fotos hiervon findest du auf der beiliegenden CD-ROM.

Ich bin auch seit kurzem Schirmherr des Teddykrankenhauses der Charité und werde deshalb auch sicherlich einmal bei einer der nächsten Teddy-Sprechstunden des Teddykrankenhauses teilnehmen. Wenn Du Lust hast, kannst Du mich mit Deinen Eltern gern dabei begleiten. Leider habe ich im Moment ganz viel zu tun. Sobald ich weiß, wann ich einen Besuch machen kann, wird Dir meine Mitarbeiterin, Frau Bloß, Bescheid geben.

Mit freundlichen Grüßen

Kommentar

Lili lernt „Philipp“ zwar nicht als Puppendoktor, aber als Schirmherren des Teddykrankenhauses der Charité kennen. Der damalige Gesundheitsminister antwortet – im Wortsinn – ansprechend: Er spricht tatsächlich mit Lili, erläutert und erzählt.

Regierungssprecher Steffen Seibert ☺

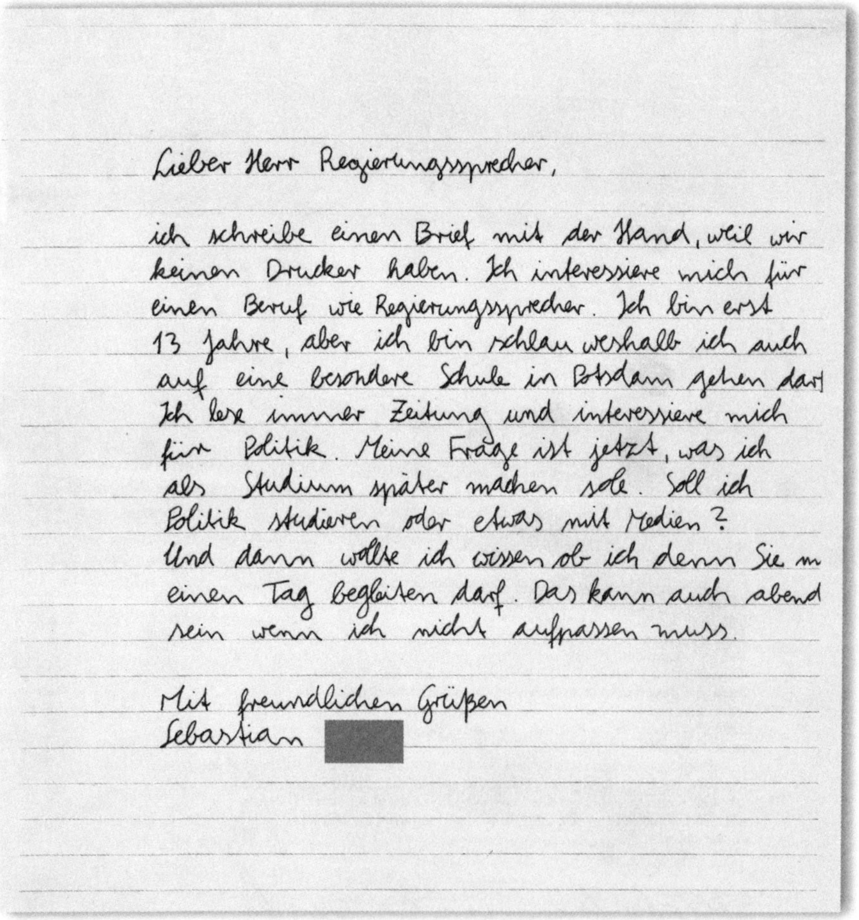
Lieber Herr Regierungssprecher,

ich schreibe einen Brief mit der Hand, weil wir keinen Drucker haben. Ich interessiere mich für einen Beruf wie Regierungssprecher. Ich bin erst 13 Jahre, aber ich bin schlau weshalb ich auch auf eine besondere Schule in Potsdam gehen darf Ich lese immer Zeitung und interessiere mich für Politik. Meine Frage ist jetzt, was ich als Studium später machen sole. Soll ich Politik studieren oder etwas mit Medien?
Und dann wollte ich wissen ob ich denn Sie m einen Tag begleiten darf. Das kann auch abend sein wenn ich nicht aufpassen muss.

Mit freundlichen Grüßen
Sebastian [redacted]

„Lieber Herr Regierungssprecher, ich schreibe einen Brief mit der Hand, weil wir keinen Drucker haben. Ich interessiere mich für einen Beruf wie Regierungssprecher. Ich bin erst 13 Jahre, aber ich bin ziemlich schlau weshalb ich auch auf eine besondere Schule in Potsdam gehen darf. Ich lese immer Zeitung und interessiere mich für Politik. Meine Frage ist jetzt, was ich als Studium später machen soll. Sollte ich Politik studieren oder etwas mit Medien? Und dann wollte ich wissen ob ich denn Sie mal einen Tag begleiten kann. Kann auch abends sein wenn ich nicht aufpassen muss. Mit freundlichen Grüßen – Sebastian"

Presse- und Informationsamt
der Bundesregierung

Presse- und Informationsamt der Bundesregierung, 11044 Berlin

An
Sebastian [redacted]

Steffen Seibert
Staatssekretär
Sprecher der Bundesregierung

HAUSANSCHRIFT
Dorotheenstr. 84
10117 Berlin

POSTANSCHRIFT
11044 Berlin

TEL + 49 (0)3018 [redacted]
FAX + 49 (0)3018 [redacted]

Berlin, 10. März 2011

Lieber Sebastian,

das war aber ein netter Brief, den Du mir geschrieben hast – vielen Dank dafür!

Ich finde es klasse, dass Du Dich für Politik interessierst und Dir jetzt schon überlegst, was Du studieren kannst.

Grundsätzlich würde ich Dir raten, erst einmal einen guten Schulabschluss zu machen. Damit hast Du, weil Du schlau bist, keine Schwierigkeiten. Das ist prima.

Die Idee, nach dem Abitur zu studieren, finde ich toll. Es ist auch gar nicht so wichtig, ob Du Politik- oder Medienwissenschaften studierst. Wichtig finde ich, dass Du Spaß am Studienfach hast und das Studium mit einem guten Examen abschließt. Mit dem Examen in der Tasche, kannst Du Dir dann überlegen, ob Du Politiker, Journalist, Regierungssprecher oder was ganz anderes werden möchtest.

Die Idee, mich einen Tag zu begleiten, ist gut. Leider geht das nicht, weil ich viele Termine habe, bei denen nur ich alleine dabei sein darf. Da kann ich leider keine Gäste wie Dich mitnehmen. Ich hoffe, Du bist jetzt nicht enttäuscht.

Herzliche Grüße und
alles Gute

Steffen Seibert

Kommentar

Auch Regierungssprecher Steffen Seibert hat für Sebastian eine sympathische Antwort, welche die Frage und das Anliegen aufnimmt und dem Kind „auf Augenhöhe“ begegnet. Dass er den Wunsch, ihn bei der Arbeit begleiten zu dürfen, ablehnt und auch keine allgemeine Einladung zu einem Besuch des Presse- und Informationsamtes ausspricht, ist kein Grund, bei der positiven Bewertung Abstriche zu machen.

Minister Peter Raumsauer, Bundesminister für Verkehr, Bau und Stadtentwicklung

Hallo Herr Minister,

erstmal finde ich sie haben ganzschön fiel zu tun. Mein Bruder sagt mir das die Straßen machen und Architektur und auch dafür arbeiten wie wir uns in der Stadt entwickelen. Ich habe eine Frage. Ich bin Ben und 9 Jahre und Jörg sagt mir. Jörg ist mein Freund. Der sagt mir wen wir gros sint wird es nicht mehr so fiele Autos geben. Weil mein Opa hat schon garkein Auto mer. Und wen dann alle so alt sint wie Opa geben die Autos zurük. Und mein Bruder sagt das wir haben in ganz fielen Jahren ganz wenig junge Leute so alt wie ich. Das heist doch wier haben ganz wenig Autos. Stimt das. Wen das stimt dann braucht mann auch garnicht so fiele Autos bauen. Weil ich finde nemlich das die Strasen zu vol sint. Als wir ganz fiel Schnee hatten war das tole. Da war es leise und wenig Autos. Das fand ich tole weil ich drausen spillen konnte. Mein Bruder hat mir geholfen zu schreiben aber wenn Fehler sint macht er nicht weg. Ich freue mich auf einen Brief von ihnen.

Ben [redacted]

Ben schreibt: „*Hallo Herr Minister, erstmal finde ich sie haben ganzschön fiel zu tun. Mein Bruder sagt mir das sie Straßen machen und Architektur und auch dafür arbeiten wie wir uns in der Stadt entwickeln. Ich habe eine Frage. Ich bin Ben und 9 Jahre und Jörg sagt mir. Jörg ist mein Freund. Der sagt mir wenn wir gross sint wird es nicht mehr so fiele Autos geben. Weil mein Opa hat schon garkein Auto mer. Und wen dann alle so alt sint wie Opa geben die Autos zurück. Und mein Bruder sagt dan wir haben in ganz vielen Jahren gans wenig junge Leute so alt wie ich. Das heist doch wier haben ganz wenig Autos. Stimt das. Wen das stimmt dann braucht mann auch garnicht so viele Autos bauen. Weil ich finde nemlich das die Strassen zu voll sint.*

Als wir ganz fiel Schnee hatten war das toll. Da war es leise und wenig Autos.

Das fand ich toll weil ich drausen spielen konnte. Mein Bruder hat mir geholfen zu schreiben aber wenn fehler sind macht er nichts weg. Ich freue mich auf einen Brief von ihnen. – Ben“

Bundesministerium
für Verkehr, Bau
und Stadtentwicklung

Bundesministerium für Verkehr, Bau und Stadtentwicklung • 11030 Berlin

Herrn
Ben [redacted]

Dr. Peter Ramsauer, MdB
Bundesminister

HAUSANSCHRIFT
Invalidenstraße 44
10115 Berlin

POSTANSCHRIFT
11030 Berlin

TEL +49 (0)30 [redacted]
FAX +49 (0)30 [redacted]

www.bmvbs.de

Betreff: Verkehr

Bezug: [redacted]
Aktenzeichen: [redacted]
Datum: Berlin, [redacted]
Seite 1 von 2

Lieber Ben,

ich freue mich, wenn sich Kinder in Deinem Alter bereits für Fragen im Verkehrsbereich interessieren. Auf Deinem Weg zur Schule oder auch auf Fahrten mit Deinen Eltern beachtest Du den Verkehr mit Interesse. So hast Du sicher auch festgestellt, dass der Verkehr immer mehr zugenommen hat. Zu Deiner Information lege ich Dir Übersichten bei, die über den derzeitigen Bestand von Fahrzeugen in Deutschland Auskunft geben.

Du hast Recht, dass wir in Deutschland in Zukunft viele ältere Menschen haben werden. Sicher geben Viele ihr Auto ab, weil sie es aus gesundheitlichen Gründen nicht mehr fahren können. Aber die Menschen in Deutschland werden in der Zukunft nicht nur älter sondern auch länger gesund sein. Deshalb wollen sie sicher auch länger mit dem Auto mobil bleiben.

Richtig ist auch, dass im Verhältnis zu früheren Jahren weniger Kinder pro Familie geboren werden. Aber das Bedürfnis, auch in jungen Jahren durch ein eigenes Fahrzeug mobil zu sein, ist bereits angestiegen und wird sicher noch größer. Des weiteren haben heutzutage viele Bürger und Familien bereits ein Zweitfahrzeug (zum Einkaufen: kleineres Fahrzeug und zum Urlaubfahren: größeres und bequemes Auto) oder auch ergänzend ein Motorrad. Zugenommen hat allerdings auch die Zahl der Fahrradfahrer. Das Radfahren ist zu einem beliebten Freizeitsport geworden, das Rad wird aber auch für den Weg zur Arbeit

Zertifikat seit 2009
audit berufundfamilie

VERKEHRSANBINDUNG: U-Bahn: U6, Tram: M6, M8, 12, (Naturkundemuseum), Bus: 147, 240, 245 (Invalidenpark)

Bundesministerium
für Verkehr, Bau
und Stadtentwicklung

Seite 2 von 2

oder in die Schule genutzt. Vielleicht bist auch Du ein begeisterter Radfahrer.

In Deutschland werden auch immer mehr Lkw auf unseren Straßen fahren, da viele Waren von Estland nach Spanien oder vom Hamburger Hafen nach Berlin gefahren werden müssen, u. a. Südfrüchte auch für Dich oder Deine Familie. Auch wenn wir daran arbeiten, Güter auf Güterzügen zu transportieren, bietet die Straße auch für die Zukunft die Möglichkeit, schnell und kostengünstig Güter zu transportieren, z. B. Milch von den Bauern in die Betriebe zur Käseherstellung.

Du siehst, lieber Ben, dass sich trotz Veränderungen – viele ältere Menschen, weniger Kinder und Jugendliche – das Mobilitätsverhalten sehr geändert hat. Dazu kommt noch, dass man auch mit gleich bleibender Kfz-Anzahl mehr fahren kann, also sehr viel mehr Kilometer zurücklegt.

Schön wäre es, lieber Ben, wenn viele Menschen öffentliche Verkehrsmittel (Bus, Bahn, Straßenbahn) nutzen, dann würden nicht mehr so viele private Fahrzeuge auf den Straßen fahren. Wir werden dafür sorgen, dass das Angebot an öffentlichen Verkehrsmitteln besser und größer wird. Wir geben dafür den 16 Bundesländern Geld, damit sie selbst festlegen können, wie die Verkehre von A nach B gestaltet werden, ob z. B. Züge oder Busse den Schülerverkehr übernehmen sollen.

Lieber Ben,
für Dich und Deinen Freund lege ich noch jeweils 2 Broschüren „Käpt'n Blaubär“ bei. Beim Lesen lernst Du sicher, wie Du Dich noch sicherer im Straßenverkehr bewegen kannst.

Für den Abschluss des 2. Schulhalbjahres wünsche ich Dir gute Lernergebnisse.

Alles Gute wünscht Dir

Anlagen

Kommentar

Mit seinem detailgespickten zwei Seiten langen Brief und drei Seiten statistischen Anlagen (die wir dem Leser hier ersparen) meint es Minister Ramsauer vielleicht etwas zu gut mit dem neunjährigen Ben. Aber der Grundton des Schreibens ist nicht bürokratisch, sondern bemüht sich um Herzlichkeit. Nicht nur wegen der „Käpt'n-Blaubär-Broschüren“ fällt die Beurteilung gut aus.

Ministerin Annette Schavan,
Bundesministerium für Bildung und Forschung

Guten Tag Ministerin,

ich habe Fotos in der Zeitung gesehen und meine Schwester liest mir manchmal vor. Ich interessiere mich für Forschung und habe auch ein kleines Labor zu Weinachten bekommen. Gibt es im Ministerium auch jemanden der mit Kindern forscht?
Ich würde da mitmachen. Meine Schwester hat gesagt ich kann schreiben. Aber wir haben keine Drucker weil wir nicht mit internet schreib sollen. Es tut mir leid für meine Schrift un für meine Fehler.

Lilli [redacted]

Bundesministerium
für Bildung
und Forschung

Freiheit
Einheit
Demokratie

[redacted]
Referat Frühe und allgemeine Bildung
HAUSANSCHRIFT Hannoversche Straße 28-30, 10115 Berlin
POSTANSCHRIFT 11055 Berlin

TEL +49 (0)30 [redacted]
FAX +49 (0)30 [redacted]
BEARBEITET VON
E-MAIL [redacted]
HOMEPAGE www.bmbf.de

DATUM Berlin, 25.02.2011

GZ [redacted]
(Bitte stets angeben)

POSTANSCHRIFT Bundesministerium für Bildung und Forschung, 11055 Berlin

Lilli [redacted]

BETREFF **Schreiben vom Februar 2011**

BEZUG

ANLAGE

Hallo Lilli,

vielen Dank für Dein Schreiben an Frau Bundesministerin Prof. Dr. Annette Schavan.
Die Ministerin hat sich sehr über Dein Schreiben und Dein Interesse an Forschungen gefreut.
Leider kann die Ministerin nicht selbst jeden Brief beantworten. Sie hat deshalb mich gebeten, Dir zu antworten. Ich hoffe, dass Du damit einverstanden bist.

So ein großes Ministerium wie das Bundesministerium für Bildung und Forschung hat die verschiedensten Bereiche, die sich alle auch mit Fragen der Forschung beschäftigen. Natürlich gibt es da auch Angebote, die speziell für Kinder gedacht sind. So unterstützen wir z. B. das „Haus der kleinen Forscher", um schon frühzeitig mit dem Forschen, Entdecken und Experimentieren zu beginnen.
Das „Haus der kleinen Forscher" begeistert schon tausende Kinder beim Entdecken und Erforschen unserer Welt. In den nächsten Tagen bekommst Du von dort auch ein kleines Paket mit Forscherutensilien, die Dir hoffentlich viel Spaß machen.
Und wenn Du einmal sehen möchtest, wie ein Ministerium so von innen aussieht, dann komm doch einfach mal beim nächsten Tag der offenen Tür (20./21. August 2011) mit Deiner Schwester oder Deinen Eltern vorbei.
Viele Grüße

[redacted]

TELEFONZENTRALE [redacted]
FAX-ZENTRALE
E-MAIL-ZENTRALE bmbf@bmbf.bund.de

KLEINE FORSCHER
Naturwissenschaften und Technik für Mädchen und Jungen

Stiftung Haus der kleinen Forscher
[redacted]
Rungestraße 18
10179 Berlin

Tel 030 [redacted]
Fax 030

[redacted]
haus-der-kleinen-forscher.de
www.haus-der-kleinen-forscher.de

Stiftung Haus der kleinen Forscher | Rungestraße 18 | 10179 Berlin

Lilli [redacted]

Experimente von der Stiftung „Haus der kleinen Forscher" 03.03.2011

Liebe Lilli,

Annette Schavan, die Bundesministerin für Bildung und Forschung, hat sich sehr über deinen Brief gefreut und uns gebeten, dir einige Experimente zu schicken. In diesem Päckchen findest du alles, was du brauchst, um die Experimente *Ballonrakete, Pfeffer und Salz trennen* und *Trinkhalmrakete* auszuprobieren.

Du kannst dich an die Experimentieranleitungen halten, du darfst aber auch gerne, wie eine richtige Forscherin, überlegen, ob du nicht auch noch etwas anderes ausprobieren kannst, zum Beispiel mit anderen Materialien oder einer anderen Reihenfolge der einzelnen Schritte.

Dasselbe gilt auch für die vielen Experimente, die du auf unserer Website unter www.haus-der-kleinen-forscher.de finden kannst: Probiere ruhig alles aus, was dir dazu einfällt, auch wenn es vielleicht nicht genau so in der Anleitung steht. Für Experimente, bei denen Feuer, Strom oder scharfe Gegenstände im Spiel sind, musst du natürlich einen Erwachsenen bitten, mit dabei zu sein und ein bisschen mitzuhelfen.

Ich wünsche dir im Namen des Teams vom „Haus der kleinen Forscher" viel Spaß beim Experimentieren und Forschen!

[redacted]

GEFÖRDERT VOM

Bundesministerium
für Bildung
und Forschung

Eine Initiative von: Helmholtz-Gemeinschaft McKinsey & Company Siemens Stiftung Dietmar Hopp Stiftung

Kommentar

Annette Schavans Bildungsministerium hat zum einen eine eigene Antwort geschrieben und zum anderen das „Haus der kleinen Forscher" über Lilis Brief informiert, das mit einem Experimentier-Päckchen Lili eine Freude gemacht hat. Das ist gut angekommen und in der Summe war es eine Menge Mühe, die sich das Ministerium gemacht hat.

Minister Norbert Röttgen,
Bundesministerium für Umwelt, Naturschutz und Reaktorsicherheit

☹ 😐

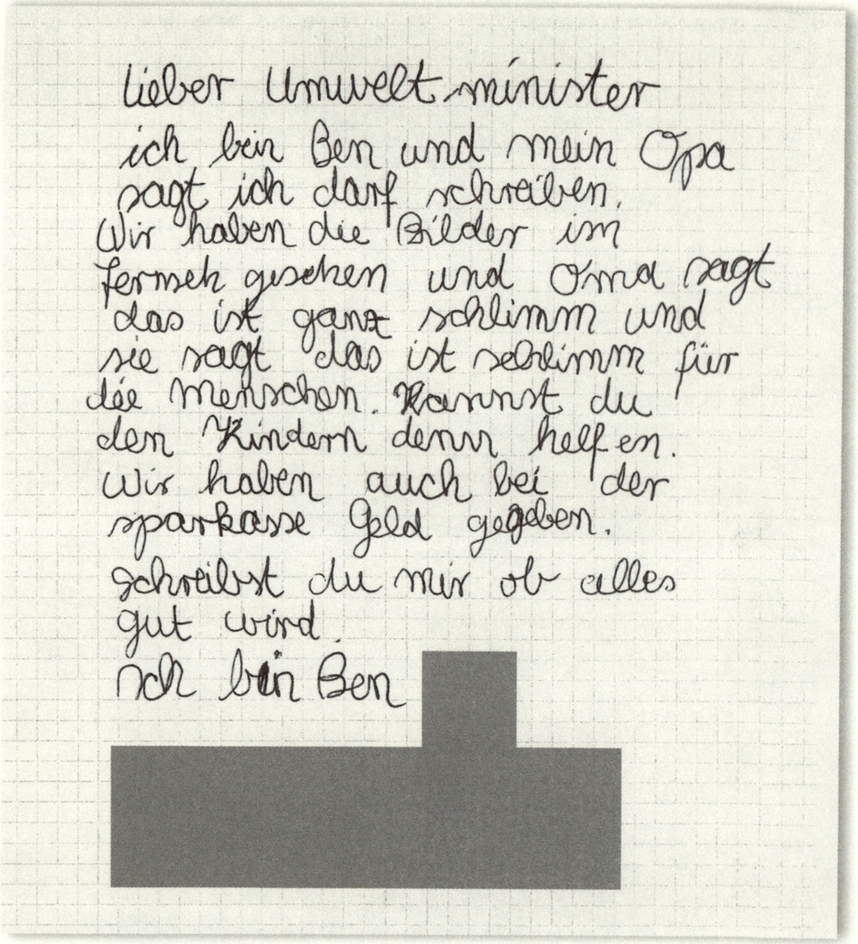

„Lieber Umweltminister, ich bin Ben und mein Opa sagt ich darf schreiben. Wir haben die Bilder im Fernseh gesehen und Oma sagt das ist ganz schlimm und sie sagt das ist schlimm für die Menschen. Kannst du den Kindern denn helfen. Wir haben auch bei der sparkasse Geld gegeben. Schreibst du mir ob alles gut wird. Ich bin Ben"

Bundesministerium
für Umwelt, Naturschutz
und Reaktorsicherheit

Bundesministerium für Umwelt, Naturschutz und Reaktorsicherheit, K, 11055 Berlin

Ben [redacted]

TEL +49 [redacted]
FAX +49 [redacted]

[redacted]

www.bmu.de

Aktenzeichen: [redacted]

Berlin, 20.04.2011

Lieber Ben,

Herr Minister Dr. Röttgen bedankt sich ganz herzlich für Deinen Brief und hat mich gebeten, Dir zu antworten. Leider hat er wegen seiner vielen Verpflichtungen nicht genügend Zeit, selbst zu antworten.

Der atomare Unfall in dem japanischen Kraftwerk Fukushima hat uns alle zutiefst erschüttert und wachgerüttelt.

Für Spenden zu Gunsten der Opfer des Erdbebens und des Tsunamis in Japan bitten mehrere Hilfswerke. Es freut mich, dass auch Du Dich daran beteiligt hast. Die Menschen in Japan brauchen gerade jetzt unsere Unterstützung.

Lieber Ben, ich hoffe, Du interessiert Dich auch weiterhin für umweltpolitische Themen und wünsche Dir alles Gute.

Mit freundlichen Grüßen
Im Auftrag
[redacted]

Dein Bürgerservice im Bundesumweltministerium

Zustelladresse: Robert-Schuman-Platz 3, 53175 Bonn, Lieferadresse: Alexanderstraße 3, 10178 Berlin
Verkehrsanbindung: Haltestelle Alexanderplatz, S-/U-Bahn: S3, S5, S7, S75, U2, U5, U8, Tram: M2, M4, M5, M6, Bus: 100, 200, 248, TXL, M48

...

Kommentar

Dem Bürgerservice des Umweltministeriums würde eine Fortbildung für das Beantworten von Kinderbriefen guttun. Norbert Röttgen, der noch als Minister angeschrieben war, wird dies vermutlich jetzt nicht mehr kümmern. Mit einem neutralen Smiley ist die Pflichtübung des Bürgerservice freundlich bewertet.

Bundesministerium der Verteidigung

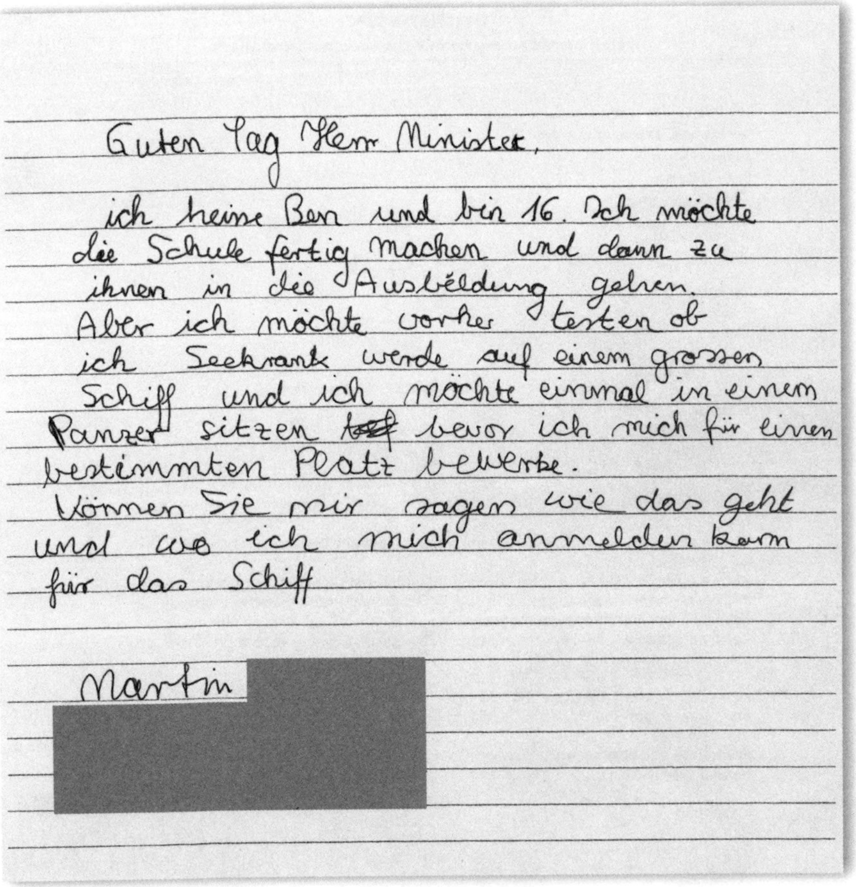
Guten Tag Herr Minister,

ich heisse Ben und bin 16. Ich möchte die Schule fertig machen und dann zu ihnen in die Ausbildung gehen. Aber ich möchte vorher testen ob ich Seekrank werde auf einem grossen Schiff und ich möchte einmal in einem Panzer sitzen bevor ich mich für einen bestimmten Platz bewerbe. Können Sie mir sagen wie das geht und wo ich mich anmelden kann für das Schiff

Martin [redacted]

„Guten Tag Herr Minister, ich heisse Ben und bin 16. Ich möchte die Schule fertig machen und dann zu Ihnen in die Ausbildung gehen. Aber ich möchte vorher testen ob ich Seekrank werde auf einem grossen Schiff und ich möchte einmal in einem Panzer sitzen bevor ich mich für einen bestimmten Platz bewerbe. Können Sie mir sagen wie das geht und wo ich mich anmelden kann für das Schiff. Martin“

Bundeswehr

Wehrdienstberatung beim Kreiswehrersatzamt Berlin

Berlin, 25.11.2010

Wehrdienstberatung · Oberspreestr. 61L · 12439 Berlin-Treptow

Herr
[redacted] Martin
[redacted]

Bearbeiter:
[redacted]
Tel.: 030 [redacted]
Fax.: 030 [redacted]
Mail: [redacted]

Betr.: Ihr Interesse an einer Karriere als Soldat auf Zeit
Bezug.: Bewerbung

Sehr geehrter Herr Lang,

Sie haben Interesse für eine Laufbahn als Soldat/in auf Zeit geäußert.

Zur weiteren Präzisierung Ihrer Überlegung laden wir sie recht herzlich zu einem individuellen Informationsgespräch in die Wehrdienstberatung Berlin Treptow Köpenick ein. Um Ihre Beratung planen zu können, bitte ich Sie um eine Terminabsprache unter der Rufnummer 030 / [redacted]. Sie erreichen uns in der Zeit:

Mo – Do von 7:00 Uhr bis 16:00 Uhr
Fr von 7:00 Uhr bis 12:00 Uhr

Wir freuen uns über eine Rückantwort von Ihnen und verbleiben bis dahin mit freundlichen Grüßen.

Im Auftrag

[redacted]

Wehrdienstberatung
Berlin Treptow Köpenick

Oberspreestrasse 61 L
12439 Berlin
wdbera.b1@bundeswehr.org

☎ (0 30) [redacted]
Fax: (0 30) [redacted]

Kommentar

Der von Martin angeschriebene Minister gibt keine eigene Antwort, sondern leitet Bens Brief an das Kreiswehrersatzamt Berlin weiter. Von dort kommt – korrekt strammgestanden – mit Betreff, Bezug und im Auftrag die sachdienliche Antwort, Anfahrtsbeschreibung „mit privatem Kraftfahrzeug" inklusive.

Und dem Antwortenden fällt noch nicht einmal auf, dass der Schreibende sich mit Ben vorstellt, aber dann mit Martin unterschreibt. Gut ist ganz anders.

V. Dafür haben wir keine Zeit ...

Die Qualität der Antworten entschied sich daran, ob die Person, die das Antwortschreiben verfasste, in der Lage war, über den Tellerrand ihrer Organisation hinaus zu schauen. Oder war sie in dem Horizont, in der Welt dieser Organisation so gefangen, dass sie zur Welt des Kindes überhaupt keinen Zugang suchen konnte und wollte?

Eine solche Frage übersteigt das Thema Kinderbriefe bei weitem. Es ist das Grundsatzproblem, mit dem heute unter den Bedingungen globalisierter und digitalisierter Waren- und Meinungsmärkte jede Organisation fertig werden muss. Aufmerksamkeit und Achtsamkeit für die Umwelt, nicht nur die natürliche, auch die soziale, das Beobachten und Verstehen der laufenden beschleunigten Veränderungsprozesse sind zur Erfolgs-, ja zur Überlebensbedingung in der Wirtschaft und auf allen gesellschaftlichen Leistungsfeldern geworden. Dafür stellt der Umgang mit Kinderbriefen ein – aber wirklich nur ein – Indiz dar. Wer hier schlecht abschneidet, erhält auf diese Weise einen dringenden Hinweis zu überprüfen, ob in der internen und externen Kommunikation wirklich alles stimmt.

Tunnelblick plus Panoramaschau

Für jeden einzelnen Menschen versteht es sich von selbst, dass sie und er die Welt – auf ihre Weise – im Blick haben: die Familie und die Stadt, die Natur und die Technik, Fakten und Fiktionen, Massenmedien, Gesundheit, Religion und Recht. Erfahrungen mit, zumindest Vorstellungen von allem und jedem sind bei Bedarf abrufbar. In der jeweiligen Lebenssituation tritt das eine als besonders dringlich und bedeutsam hervor, vieles andere lagert irgendwo am Rande des Horizonts, im Moment unbeachtet. Aber, so kann man es auf den Punkt bringen, Menschen haben bekanntlich runde Köpfe, damit sie in jede Richtung denken können. Frauen und Männer sind offen für die Welt, die sie umgibt; die eine mehr, der andere weniger, im Grundsatz alle für alles. Für Organisationen sieht das ganz anders aus.

Für Organisationen wird mit ihrer ‚Geburt' fast alles programmiert. Jede einzelne Organisation ist gegründet worden, um sich zu konzentrieren. Sie fokussiert sich auf einen bestimmten Zweck – Hertha BSC will Fußballspiele gewinnen, das Deutsche Rote Kreuz will in gesundheitlichen Notlagen helfen, BMW will mit der Herstellung und dem Verkauf von Autos Gewinne machen, die

Deutsche Bank will im Geldgeschäft erfolgreich sein. Diese Kurzsichtigkeit, solche Spezialisierungen, dieses Ausblenden von allem Anderen gehört zu den Voraussetzungen für die – im historischen Vergleich überragend hohe – Leistungsfähigkeit moderner Organisationen. Um ihr Ziel effizient anzusteuern, um ihren Zweck erfüllen zu können, muss sich jede Organisation um Vieles kümmern, z.B. um ihre Zahlungsfähigkeit, um juristische, wissenschaftliche, soziale, oft auch um politische und kulturelle Themen. Über soviel „Weitblick" verfügen Organisationen durchaus, aber sie setzen dabei ihre Brille nicht ab. Sie sehen alles nur im Licht ihres Ziels und Zwecks. Und deshalb kann es leicht sein, dass so ein Kinderbrief im Schatten verschwindet.

Die widersprüchliche Anforderung an Organisationen besteht heute darin, dass sie zu sturer Kurzsichtigkeit und sensiblem Weitblick parallel in der Lage sein müssen. Gelingen kann diese Quadratur des Kreises, wenn die Mitarbeiterinnen und Mitarbeiter nicht daran gehindert werden, ihre menschlichen Qualitäten zu entfalten; genauer: wenn der Organisationsalltag als eine Einladung erlebt wird, nicht nur seine Sache richtig zu machen, sondern immer wieder auch die Frage zu stellen, ob hier die richtigen Sachen gemacht werden. Das ist der Dreh- und Angelpunkt: Was macht die Organisation aus den Potentialen der einzelnen Menschen? Was lässt sie zu, was verbietet, was belohnt und bestraft sie, wozu lädt sie ein? Werden die Mitarbeiterinnen und Mitarbeiter aufgefordert, sei es direkt, sei es indirekt, ihren gesunden Menschenverstand an der Garderobe abzugeben? Sollen sie nur in dem Tunnel denken, reden und handeln, der direkte, aktuelle Anschlüsse an Ziel und Zweck der Organisation hat? Dann wird sich auch in den Briefen, die – an wen auch immer – verschickt werden, nichts anderes widerspiegeln als die Befindlichkeit und das Interesse dieses Verbandes oder dieser Firma.

Nun sollte man mit Unternehmen, Parteien, Vereinen, Stiftungen auch Geduld haben, denn diese Konzentration, dieser Tunnelblick müssen sein. Das hat – wir wollen es hier nicht vertiefen, nur beiläufig erwähnen – etwas mit der besonderen Funktionsweise unserer heutigen Gesellschaft zu tun. Die einzelnen Leistungsfelder, die Wirtschaft, die Politik, die Massenkommunikation, die Wissenschaft etc. sind an einer Konkurrenz- und Steigerungslogik ausgerichtet. Gesucht werden Spezialisten und Experten, weniger die Allrounder.

Eingeschliffene Sichtweisen zu erweitern, ungewohnte Perspektiven zu gewinnen, dafür sind Kinder besonders gute Assistenten. Ihre oft sperrigen, quer zum Bekannten und Gewohnten gestellten Fragen lenken die Aufmerksamkeit auf das weite Feld des Nichtwissens und fordern dazu auf, es zu beackern. Deshalb gilt: Wer Kinderfragen nicht nur als eine Aufforderung zur Belehrung versteht, sondern auch als eine Einladung zu eigenem Lernen, geht gut mit ihnen um, mit den Fragen und mit den Kindern.

Die Schlüsselrolle der Führung

Bis hierher haben wir die beiden Leistungen – enge Spezialisierung auf der einen, breit gefächerte Achtsamkeit und Anschlussfähigkeit auf der anderen Seite – als einen schwer beherrschbaren Widerspruch dargestellt. In Wirklichkeit sind sie von Organisationen leicht in den Griff zu bekommen. Denn was ein Individuum nur nacheinander abarbeiten kann, lässt sich in einer Organisation gleichzeitig behandeln, indem die einen dieses tun und die nächsten jenes behandeln. Experten für das Besondere und Spezialisten für Zusammenhänge, Traditionalisten, die so weiter machen, und Modernisierer, die auf Innovation setzen wollen, solche Konfliktlinien kennt im Grunde jede Organisation.

Es liegt an der Qualität der Führung, ob die beiden Seiten produktiv zusammengeführt werden und die beiden konträren Sichtweisen sich gegenseitig klüger machen. Wenn es der Führung nicht gelingt, ein fruchtbares Miteinander zu organisieren, hat die Organisation das Nachsehen, denn ihre Entscheidungen und Aktivitäten fallen „dümmer“ als nötig aus.

Deshalb ist es keine Zauberei, noch nicht einmal eine außergewöhnliche Leistung, dass ein Unternehmen, eine Partei, ein Verband, ein Verein Briefe von Kindern vernünftig beantwortet. Es genügt eine Führung, die erkennen lässt, dass ihr gute Umgangsformen wichtig sind. Organisationen, die sich als unfähig erweisen, auf eine solche „Störung“ wenigstens mit Anstand, wenn schon nicht mit Eleganz zu reagieren, muss im besten Fall Fahrlässigkeit, in jedem Fall ein Defizit bescheinigt werden. Gewiss, ein schlecht behandeltes Kind wird nicht gleich einen Shitstorm auslösen. Aber man kann nie wissen. Plötzlich taucht man als schlechtes Beispiel in einem Buch auf. Oder eben als Vorbild. Dann hat es sich noch mehr gelohnt, sich Zeit zu nehmen.

Denn das ist klar: Wer in das Blickfeld von anderen gerät, produziert ein Bild von sich – ohne es zu wissen oder ganz gezielt. Die Selbstdarstellung der Unternehmen, Parteien, Vereine kann die Vorstellungen, die über sie existieren, nicht alleine bestimmen. Wie die Medien über sie berichten, wie im Familien- und Freundeskreis über sie geredet wird, das alles trägt zum Bild, zum Image bei. Aber mit der Art und Weise, wie sie sich selbst präsentieren, können die Organisationen Einfluss darauf nehmen, welche Vorstellungen über sie weiter verbreitet werden. Die Selbstdarstellung einer Organisation setzt sich aus vielen Mosaiksteinen zusammen, keineswegs nur aus Werbeplakaten, Imagebroschüren und Online-Portalen. Der Umgang mit dem Brief eines Kindes gehört nicht zu den kleinsten Steinchen, denn Kinder sind glaubwürdige Botschafter mit einem langen Gedächtnis.

Nachwort

Michael T. Schröder, Präsident des Marketingclub Berlin im DMV (Deutscher Marketing Verband)

Zielgruppen kennen ist eines, sie verstehen etwas anderes

Kinder stellen für Unternehmen eine lang erkannte kaufkräftige Zielgruppe dar, während sie für einige aus der Politik nicht als zukünftige Wähler erkannt sind. Kinder beeinflussen viele Kaufentscheidungen der Erwachsenen mit. Letztlich stellen sie für die Unternehmen die künftigen Konsumenten für Erwachsenenprodukte dar.

In unserer Gesellschaft aufzuwachsen, bedeutet von Beginn an, ein konsum- und informationsorientiertes Umfeld zu erleben. Kommunikationstechnologien und audiovisuelle Medien sind omnipräsent. Sie sind keine Statussymbole mehr, sondern selbstverständlicher Bestandteil des Alltags. Demzufolge ist Kindheit heute mediatisiert und kommerzialisiert.

Ihre Entwicklung und Wissensaneignung ist nicht mehr ausschließlich von Erzählungen der Eltern und Großeltern geprägt, vielmehr werden die neuen Medien und ihre Schnelligkeit zum beeinflussenden Faktor. So erleben moderne Kinder ihre Umwelt oft zuerst aus dem Fernsehen, statt sie direkt zu erfahren. Es kommt durchaus vor, dass dreijährige Kinder die Herkunft von Fruchtsäften eher mit TETRA-Packs assoziieren als mit Obst, oder den Ursprung von Schokolade bei lila Kühen vermuten. Der Strom kommt aus der Dose, aber wie dahin? Und wie ist das mit dem Solarstrom, wenn die Sonne nicht scheint?

Die Antworten auf Kinderfragen fallen durchaus verschieden aus, je nachdem, was vom Zuhörenden spontan herausgehört wird. Dies wiederum ist abhängig von Faktoren wie zum Beispiel der eigenen Befindlichkeit des Antwortenden oder der Beziehung der beiden Gesprächspartner zueinander. Kein Erwachsener wird immer den jeweils „richtigen" Aspekt einer Kinderfrage heraushören und damit immer eine Antwort geben können, die für das Kind zufriedenstellend ist. Doch Eltern wie Erzieher, Marketer wie Öffentlichkeitsarbeiter sollten sich Gedanken darüber machen, welche verschiedenen Aspekte sie beachten können, um Kinderfragen besser zu verstehen.

Fragen über Fragen, sie zu beantworten, nein zu erkennen und zu verstehen, wird zum Schlüssel von Produkt- wie Politik-Zukunft. Antworten, ob als Teil des Marketings oder der Bildungspolitik, entscheiden mehr und mehr über Loyalität und Werte.

Wir haben verstanden.

Nun dürfen Sie beurteilen

Auf den folgenden Seiten finden Sie eine Liste unserer Bewertungen. Wenn Sie Zeit und Lust haben, trennen Sie diese Liste heraus und schicken uns Ihre eigenen Beurteilungen an den Beuth Verlag ...

Beurteilungen der Antwortbriefe	Unsere Wertung	Ihre Wertung
ADAC	😐	
Airberlin	☺	
August STORCK	☹	
Autostadt VW Wolfsburg	😐	
Axel Springer/BILD	😐	
Bayer – Schering AG	😐	
Berliner Feuerwehr	☺	
Berliner Bürgermeister Klaus Wowereit	☺	
Berliner Sparkasse	☹	
Berliner Stadtreinigung	☺	
Berliner Wasserbetriebe	☺	
Bundesminister der Finanzen	☺ 😐	
Bundesminister der Verteidigung	😐 ☹	
Bundesminister für Gesundheit	☺	

Beurteilungen der Antwortbriefe	**Unsere Wertung**	**Ihre Wertung**
Bundesminister für Umwelt, Naturschutz und Reaktorsicherheit	☹ 😐	
Bundesminister Peter Altmaier (Juni 2012)	☺	
Bundesminister für Verkehr, Bauen und Stadtentwicklung	☺ 😐	
Bundesminister für Wirtschaft (Minister a. D. Brüderle)	☹	
Bundesministerin für Bildung und Forschung	☺	
Bundesministerin für Familien, Senioren, Frauen und Jugend	☺	
CDU – Parteivorsitzende und Bundeskanzlerin Merkel	😐 ☺	
Charité Berlin	☺	
Coca-Cola GmbH	☹	
Deutsche Bahn AG	☺ 😐	
Deutsche Börse Frankfurt	☺	
Deutscher Gewerkschaftsbund – Bundesvorstand	☹	
DIN	☺	
FDP – Parteivorsitzender	☹ 😐	
GAZPROM Germania GmbH	😐	
Gravis Computervertriebsgesellschaft mbH	😐	
HARIBO GmbH & Co. KG – Chef	☹	

Beurteilungen der Antwortbriefe	**Unsere Wertung**	**Ihre Wertung**
Hotel Adlon	☺	
Hotel Hilton	☺	
Königliche Porzellan-Manufaktur Berlin	☺	
LEGO	😐 ☹	
Madame Tussauds	☺ 😐	
Museum für Naturkunde	☺ 😐	
NAJU	☺	
Nationalgalerie Berlin	☺	
Nespresseo Deutschland GmbH, George Clooney	😐	
O_2 World	☺	
Parfumerie Douglas	😐	
Peek & Cloppenburg	😐	
Presse- und Informationsamt der Bundesregierung	☺	
Quatsch Comedy Club	☺	
RTL Peter Klöppel	☺	
RWE	☺	
S-Bahn Berlin	😐	

Beurteilungen der Antwortbriefe	**Unsere Wertung**	**Ihre Wertung**
Sandmännchen rbb	☺	
SAT.1	☹	
SPD Parteivorsitzender Sigmar Gabriel	☹ 😐	
Steinbrück, Peer	☺	
Steinmeier, Frank-Walter	☺ 😐	
Stiftung Warentest	☺	
Taxi-Ruf Würfelfunk 0800 CABCALL AG	☺	
Thomas Gottschalk/ARD	☺ 😐	
Tierheim Berlin	😐 ☺	
Total Deutschland GmbH	😐	
Trittin, Jürgen	😐	
Vattenfall Europe AG	☺	
Weihnachtsmann Himmelpfort	☹	
ZDF – Das Wetter	☺	
ZDF – Markus Lanz	☺	
Zoo Berlin	☺	

Zu den Autoren

Marion Uhrig-Lammersen, Journalistin, Medientrainerin und Wirtschaftsmediatorin.

„Mit Kindern zu kommunizieren ist eine schöne Übung, komplizierte Dinge auf einfache Art zu erläutern.“

Dr. **Hans-Jürgen Arlt**, Publizist und Gastprofessor für Strategische Unernehmenskommunikation an der Universität der Künste in Berlin.

„Küssen kann man nicht alleine“, singt Max Raabe – kommunizieren auch nicht.

Zu den Autoren

Marion Uhrig-Lammersen, Journalistin, Medientrainerin und Wirtschaftsmediatorin.

„Mit Kindern zu kommunizieren ist eine schöne Übung, komplizierte Dinge auf einfache Art zu erläutern."

Dr. **Hans-Jürgen Arlt**, Publizist und Gastprofessor für Strategische Unernehmenskommunikation an der Universität der Künste in Berlin.

„Küssen kann man nicht alleine", singt Max Raabe – kommunizieren auch nicht.